Chris Bass

Praxisratgeber
Klassikerkauf

Mercedes-Benz R/C 107

HEEL

IMPRESSUM

HEEL Verlag GmbH
Gut Pottscheidt
53639 Königswinter
Telefon: 02223 9230-0
Telefax: 02223 923013
Mail: info@heel-verlag.de
Internet: www.heel-verlag.de

5. Auflage: 2020

Der Originaltitel „The Essential Buyer's Guide Mercedes-Benz 280-560 SL & SLC" ist erschienen bei:
Veloce Publishing Ltd.
33 Trinity Street
Dorchester DT1 1TT
England

Übersetzung ins Deutsche: Walther Wuttke

Lektorat: Jürgen Schlegelmilch

Satz: Stefan Witterhold, HEEL Verlag GmbH

Druck und Verarbeitung: D+L Printpartner GmbH, Bocholt

Printed in Germany

ISBN: 978-3-89880-897-2

Inhalt

Einleitung und Danksagung

Einleitung

Dieses Buch ist ein Leitfaden, um genau den Mercedes-Benz Typ W 107 (oder R 107 für den Roadster und C 107 für das SLC-Coupé) zu finden, der dem individuellen finanziellen Budget entspricht. Er bietet eine gründliche Einführung in die breit gefächerte Modellpalette und liefert Maßstäbe, um ein in die engere Wahl gezogenes Modell kompetent in Augenschein nehmen und bewerten zu können. Ein gut erhaltenes Exemplar aus dieser Baureihe bietet jene legendäre Qualität und Zuverlässigkeit, die Mercedes berühmt gemacht haben, sowie Leistungswerte, die von lebhaft bis Supersportwagen reichen und eine einmalige Kombination von Komfort und Alltagstauglichkeit bieten.

Geschichte

Mercedes-Benz gilt vollkommen zurecht als der älteste Automobilhersteller der Welt. Karl Benz ließ sich seinen Motorwagen bereits 1886 patentieren, während unabhängig davon zur selben Zeit Gottlieb Daimler zusammen mit seinem engen Mitarbeiter und Freund Wilhelm Maybach einen von ihm entwickelten Motor in eine ehemalige Pferdekutsche montierte. Nach der Jahrhundertwende dominierten die von Daimler gebauten Mercedes-Boliden den Motorsport und die ersten Grand Prix, während der „Blitzen-Benz" Geschwindigkeitsrekorde aufstellte. In den 1920er-Jahren produzierte Daimler die von Porsche entwickelten SSK-Sportwagen, und 1926 schließlich schlossen sich die beiden Unternehmen unter dem Zeichen des glänzenden Sterns im Lorbeerkranz zusammen. In den 1930er-Jahren kam der atemberaubende 540 K in die Welt der Schönen und Reichen, und die Marke beherrschte die Grand-Prix-Szene nach Belieben. Nach dem Zweiten Weltkrieg überstand Daimler-Benz die vollkommene Zerstörung seiner Werke, stand Mitte der 1950er-Jahre wieder an der Spitze des Motorsports und baute mit dem Flügeltürer 300 SL den ersten Supersportwagen. Die Sportwagen entwickelten sich zu großartigen Tourenwagen, was die in diesem Buch vorgestellten Modelle unterstreichen. Sie trugen auch dazu bei, dass die Automobile mit dem Stern als die besten der Welt angesehen wurden.

Die Erfolgsgeschichte des W 107 begann am 14. April 1971, als der Nachfolger der Pagode in Form des 350 SL der Öffentlichkeit präsentiert wurde. Nachdem im Jahre 1989 – nach 18 Produktionsjahren – mit dem 237.287sten SL auch gleichzeitig der letzte R 107 vom Band lief, war dies der am längsten produzierte Mercedes-Personenwagen (abgesehen von der G-Klasse), und dieser Rekord hat bis heute Bestand. Von seinen Erbauern hatte der R 107 aber auch alles Notwendige mitbekommen, um diese lange Produktionszeit durchzuhalten. Der rundum wohlproportionierte und mit

aufwändigeren Maßnahmen zur aktiven und passiven Sicherheit versehene Roadster strahlte zeitlose Eleganz und hochwertige Qualität aus. Fast exakt 6 Monate nach dem Roadster wurde auf dem Pariser Autosalon mit dem viersitzigen 350 SLC eine reinrassige Coupé-Variante des SL vorgestellt. Mit längerem Radstand und trotzdem kürzer und schmaler als das S-Klasse-Coupé der Baureihe W 111, positionierte man den C 107 besonders gegen die Konkurrenz aus München, die ihrerseits den 3,0 CS an den Start gebracht hatte. SL und SLC teilten sich Getriebeausstattungen und Antriebsaggregate, mit Ausnahme des 450 5.0 SLC, dessen Fünfliter-Leichtmetall-V8 den Coupé-Käufern vorbehalten blieb. Im Produktionszeitraum von 1971 bis 1981 fand man im Mercedes-Benz Pkw-Programm demnach den 280, 350, 380, 450 und 500 SLC.
Das Kapitel „Realistische Bewertung" in diesem Buch bietet ein einfaches System, jeden W 107, egal ob SL oder SLC, vernünftig zu beurteilen. Einen sehr guten Überblick, wie realistisch der geforderte Preis im Verhältnis zum festgestellten Zustand ist, lässt sich dann anhand diverser Preisführer (z. B. *Oldtimer Katalog*, erschienen im HEEL Verlag) und Fachmagazine wie *Oldtimer Markt* sehr gut nachvollziehen.

Danksagung

Ich hatte die Idee zu diesem Buch nach einem Treffen mit Roger Edwards, der leider viel zu früh im Jahr 2006 verstorben ist. Roger war in den 1960er-Jahren Lehrling bei Mercedes-Benz GB und von der Markteinführung des W 107 an mit diesem Modell befasst. Er wurde die vermutlich führende Autorität für diese SL-Modelle und leitete später seinen eigenen Service- und Restaurierungsbetrieb in London. 1997 begann ich die „Mercedes-Benz Club Gazette" herauszugeben, in der Roger einer der bedeutendsten Autoren war und seine nachvollziehbaren und nüchternen Ratschläge für den Unterhalt dieser Fahrzeuge gab. Viel von seinem Wissen habe ich aufgezeichnet und für dieses Buch verwenden können.
Ich habe zudem unschätzbare Unterstützung durch Rogers Geschäftspartner Cedric Selzer erhalten sowie von Paul Summer, einem leitenden Techniker bei Roger Edwards Motors, und Rogers Sohn Galvin, der ebenfalls dort arbeitet.

Große Unterstützung bekam ich außerdem von Carl Wilford von Autobarn – dem führenden britischen Händler für diese Automobile –, der unzählige Fotos zur Verfügung stellte.

Mein Dank geht auch an Michael Benton, für die Lieferung von Fotos und an Paul Deacon (von www.marque-magic.com, der sich auf Mercedes-Benz Literatur spezialisiert hat) und der seinen Wagen für Fotos zur Verfügung gestellt hat.

Die Vertreter der Baureihe 107 bieten Stil, Langlebigkeit und mehr als genug Leistung für den modernen Verkehr.

1 Der richtige Wagen?

Große und kleine Fahrer

Die Platzverhältnisse im SL sind schon großzügig, ...

... jedoch bieten SLC-Modelle noch mehr Innenraum.

Das Fahrwerk der SL- und SLC-Modelle stammt weitgehend von den großen Limousinen ab, was die üppigen Abmessungen der Fahrzeuge erklärt. Fahrer und Beifahrer stehen komfortbetonte Fuß- und Ellbogenfreiheit zur Verfügung, sodass, zusammen mit der vielseitigen Sitzeinstellung, weder groß gewachsene noch kleine Fahrer irgendein Problem haben sollten.

Bedienbarkeit

Dank Servobremsen und -lenkung sowie Automatikgetriebe bei den meisten Modellen lassen sich diese Fahrzeuge problemlos fahren.

Abmessungen

Der R 107 misst 4,38 Meter in der Länge, 1,79 in der Breite und ist 1,30 Meter hoch. Der SLC (C 107) misst 4,74 Meter, weist die gleiche Breite auf, ist aber 1,35 Meter hoch. Einige US-Modelle sind etwas länger (SL: 4,63 Meter; SLC: 4,99 Meter).

Innenraum

Optionale (Not-)Sitze im SL-Fond

Die Fondsitze des SLC bieten Erwachsenen ausreichend Komfort.

Dank der großen Glasfläche entsteht im SL auch bei geschlossenem Verdeck keine Platzangst.

Die SL-Modelle sind klassische Zweisitzer. Allerdings gab es gegen Aufpreis zwei Kindersitze im Fond. Der SLC besitzt zwei Sitze für Erwachsene im Fond.

Gepäckraum

Beim SL reicht der Stauraum für zwei Personen, während der SLC dank seines längeren Radstands und zusätzlicher Kapazität noch mehr Raum bietet.

Unterhaltskosten

Der Verbrauch schwankt je nach Modell und Fahrweise zwischen 14 und 20 Litern auf 100 Kilometern. Die Werksangaben für den 300 SL lagen bei 14 Litern in der Stadt, 9,4 Litern bei 90 km/h und 11,6 Litern bei 120 km/h. Für den 420 SL nannte das Werk 14,9, 9,4 und 11,4 Liter. Beim 500 SL waren es 15,9, 9,5 und 11,5 Liter. Gemessen an heutigen Verhältnissen sind die Inspektionsintervalle relativ kurz, doch die Kosten halten sich in Grenzen. Einige Mercedes-Händler bieten für ältere Modelle reduzierte Preise, besonders für Mitglieder der Markenclubs. Außerdem haben auch spezialisierte Unternehmen sehr vernünftig gestaltete Preislisten.

Alltagstauglichkeit

Alle Fahrzeuge der Baureihe W 107 eignen sich hervorragend für den täglichen Einsatz. Ihre Langlebigkeit ist unumstritten, und sie fühlen sich auf der Autobahn ebenso Zuhause wie beim gemächlichen Gleiten über Landstraßen.

Teileverfügbarkeit

So gut wie alle Mechanik-, Verschleiß- und Karosserieteile sowie Teile der Innenausstattung sind lieferbar.

Kosten

Teile für die regelmäßige Wartung wie Ölfilter oder Bremsbeläge sind zu erstaunlich vernünftigen Preisen auf dem Markt, doch wichtige Komponenten haben auch ihren (hohen) Preis.

Versicherung

Die Kosten für die Versicherung hängen von Fahrer und Wagentyp ab. Je nach Baujahr und sofern einige andere Kriterien (Garage, Zweitfahrzeug, jährliche Fahrleistung, Mindestalter des Fahrers) erfüllt sind, ist die Einstufung als Oldtimer möglich.

Werterhalt

Wegen ihrer langen Produktionszeit und den beachtlichen Verkaufszahlen sind die Preise für Roadster und Coupé lange Zeit moderat geblieben, steigen aber inzwischen seit einigen Jahren. Sie waren bereits während ihrer Produktionszeit moderne Klassiker und halten nun ihren Wert, trotz der Veränderungen auf dem Gesamtmarkt. Und je weniger gute Modelle auf dem Markt zu finden sind, desto höher steigen die Preise.

Schwächen

Schwächen hat die Baureihe so gut wie keine. Einige Fahrer stören sich an dem Pedal für die Feststellbremse.

Pluspunkte

Viele Zeitgenossen meinen, dass Qualität und Technik bei diesen Mercedes-Modellen ihren Höhepunkt erreicht haben. Diese SL- und SLC-Generation offeriert kaum überbietbare Langlebigkeit, Zuverlässigkeit und Fahrvergnügen

Minuspunkte

Restaurierungskosten können sich in unerschwingliche Höhen entwickeln.

Alternativen

Die jüngeren Jaguar-E-Types sowie der XJS gelten als die schärfsten Konkurrenten des W 107, obwohl sie als Neuwagen wesentlich preiswerter waren. Aston Martin-Modelle aus dieser Epoche können ebenso als Alternative gesehen werden wie Fahrzeuge von Porsche und Ferrari. Aktuelle Tests vergleichen die Mercedes-Modelle auch mit dem BMW Sechser und dem Audi Quattro.

2 Kosten

Bei der nachfolgenden Übersicht der Ersatzteilpreise gilt es zu beachten, dass die Angaben je nach Händler variieren können. Außerdem sind sie abhängig vom jeweiligen Fahrzeugtyp und Baujahr. Die Liste erhebt keinen Anspruch auf Vollständigkeit, sondern soll nur einen Überblick bieten.

Motorhaube ca. 2350,– €
Kofferraumdeckel ca. 2000,– €
Tür ca. 600,– €
Querlenker mit Führungsgelenk, einbaufertig ca. 275,– €
Rep.-Satz Querlenker ca. 35,– €
Motorlager ca. 70,– bis 120,– €
Rep.-Satz Radlager ca. 49,– €
Rep.-Satz Achsmanschette innen ca. 40,– €
Scheibenbremsbeläge Vorderachse ca. 30 bis 50,– €
Scheibenbremsbeläge Hinterachse ca. 20,– €
Bremsscheibe Vorderachse ca. 50,– bis 80,– €
Bremsscheibe Hinterachse ca. 25,– €
Bremssattel Vorderachse, Neuteil ca. 180,– €
Bremssattel Vorderachse, Austauschteil ca. 120,– €
Rep.-Satz Bremssattel ca. 20,– €
Bremssattel Hinterachse, Neuteil ca. 180,– €
Bremssattel Hinterachse, Austauschteil ca. 80,– €
Rep-Satz Bremssattel Hinterachse ca. 20,– €
Hauptbremszylinder ca. 100,– bis 140,– €
Lenkungsdämpfer ca. 30,– €
Rep.-Satz Umlenkhebel Lenkung ca. 30,– €
Dichtsatz Servolenkgetriebe ca. 35,– €
Endschalldämpfer ca. 275,– €
Mittelschalldämpfer 280 SL / 350 SL / 450 SL ca. 225,– €
Mittelschalldämpfer 280 SLC / 350 SLC / 450 SLC ca. 340,– €
Hauptscheinwerfer ca. 400,– €
Reflektor Hauptscheinwerfer ca. 90,– €
Streuscheibe ca. 45,– €
Lichtscheibe Blinker ca. 40,– €
Rückleuchte komplett ca. 330,– €
Deckel Rückleuchte ca. 190,– €
Nebelscheinwerfer ca. 195,– €
Streuscheibe Nebelscheinwerfer ca. 30,– €
Radlaufchrom Edelstahl poliert ca. 90,– €
Wischerarm ca. 90,– €
Klimakondensator ca. 475,– €
Wärmetauscher ca. 165,– €

Scheinwerfer sind kostspielig.

Motorrevisionen, besonders an den V8-Exemplaren, sind ein teures Vergnügen.

Leicht zu findende Teile:

So gut wie alle Ersatz- und Verschleißteile

Schwierig zu findende Teile:

Aufgrund der guten Ersatzteilversorgung gibt es keine Engpässe.

Kostspielige Teile:

Teile der Innenausstattung, Lenkgehäuse, Scheinwerfer

3 Leben mit einem SL oder SLC

Diese Fahrzeuge sind große Tourenwagen und weniger reinrassige Sportwagen und eignen sich hervorragend für lange Reisen, bei denen sie sich von ihrer komfortablen und zuverlässigen Seite zeigen. Sie verfügen über ausreichend Temperament, und auch ihr Fahrverhalten ist angemessen und vorhersehbar. Die Bremsen sind hervorragend und die zuletzt gebauten Exemplaren sind sogar mit ABS ausgerüstet.

Der 280 war eine Reaktion auf die Ölkrise. Er entwickelt erst bei hohen Drehzahlen sein Temperament.

Die ersten Modelle (350 und 450) waren schnell und wild, neigten aber zu Klappergeräuschen und Vibrationen. Die Lenkung vermittelt gemessen an heutigen Maßstäben ein ungenaues Gefühl, und außerdem neigt die Karosserie zu deutlichen Wankbewegungen. Der Motor macht sich bemerkbar, zudem fehlte es der Automatik im ersten 350er an Feinschliff und Zuverlässigkeit. Wegen des längeren Radstands und der steiferen Karosseriestruktur bekommt der SLC beim Fahrverhalten meistens die besseren Noten.

Die Modelle 280 SL und SLC waren die Reaktion auf die Energiekrise und bieten in der Tat auch leicht verbesserte Verbrauchswerte. Dennoch verfügen sie

Die später gebauten Modelle kamen in den Genuss von vielen Verbesserungen.

Der SLC ist sehr alltagstauglich.

über ausreichend Leistung, die allerdings die Drehfreude des Motors beansprucht, wenn man sie abruft.

Die nach 1976 produzierten W 107-Modelle laufen runder und leiser. Sie bekamen auch eine bessere Innenausstattung, mehr Dämmmaterial und einen optimierten Rostschutz. Heizung und Lüftung erfüllen höchste Ansprüche.

Die modellgepflegten Versionen ab 1985 wurden noch einmal in so gut wie allen Bereichen verbessert. Dazu gehörte ein weiter optimierter Rostschutz (verzinkte Karosserien wurden ab September 1985 eingeführt). Diese Exemplare gehören wahrscheinlich zu den besten jemals von Mercedes hergestellten Modellen. Bei rechtsgelenkten Modellen wurde allerdings der Fußraum durch den Katalysator etwas eingeschränkt.

Der Verbrauch schwankt je nach Modell und Fahrweise zwischen 14 und 20 Litern. Die Serviceintervalle sind gemessen an modernen Fahrzeugen eher kurz, doch wenn man die empfohlenen Werkstattaufenthalte einhält, erweisen sich diese Automobile als äußerst zuverlässig und langlebig. Wegen ihrer Beliebtheit werden viele Exemplare noch heute von autorisierten Händlern gewartet, und einige Händler bieten bei Arbeiten an diesen Klassikern sogar Nachlässe.

Der SL und vor allem der SLC (allein schon wegen seiner geschlossenen Karosserie) eignen sich zum täglichen Einsatz, machen aber auch als Wochenendklassiker eine gute Figur. Dank ihres großzügig bemessenen Gepäckabteils sind lange Fahrten zu Markentreffen oder Rallyes kein Problem. Ihr Legendenstatus und ihr aufregendes Design ziehen überall die Blicke an

Der SL eignet sich hervorragend auch für lange Reisen.

4 Relative Werte

Der R 107 ist ein klassischer zweisitziger Roadster mit einem Stoffverdeck, der allerdings meistens mit einem abnehmbaren Hardtop bestellt wurde. Das schwere Teil verlangt bei der Montage die Kraft von zwei starken Männern. Einige SL haben zwei Kindersitze im Fond.
Der SLC besitzt den größeren Radstand und zwei Sitze im Fond.
Alle Modelle haben vorn Doppelquerlenker mit Schraubenfedern und hinten Einzelradaufhängung mit Dreiecksschwingen und Schraubenfedern. Vorn und hinten arbeiten Querstabilisatoren und Teleskopdämpfer. Die servounterstützte MB-Kugelumlauflenkung besitzt eine automatische Nachstellung. Die Verzögerung übernehmen servounterstützte Scheibenbremsen, die vorne innenbelüftet sind. Die zunächst nur gegen Aufpreis lieferbaren Automatikgurte wurden schnell Teil der Serienausstattung.
Ab 1980 war ABS gegen Aufpreis lieferbar, was sich ab Modelljahr 1986 änderte, denn von da an gehörte diese Technik zum serienmäßigen Lieferumfang. Allerdings blieb der ab 1988 lieferbare Fahrer-Airbag Teil der üppigen Aufpreisliste.
Als erster Vertreter der W 107-Baureihe kam 1971 der 350 SL auf den Markt (die rechtsgesteuerten Modelle folgten ein Jahr später), dem 1972 der 350 SLC zur Seite gestellt wurde. Beide Modelle wurden von V8-Aggregaten angetrieben, deren Gemischbildung von einer Bosch D-Jetronic gesteuert wurde. Die Kraftübertragung übernahm entweder ein manuelles Vierganggetriebe oder eine Viergang-Automatik mit hydraulischem Wandler. Die Modele 450 SL und 450 SLC bekamen etwas später eine Dreigangautomatik mit Drehmomentwandler.
Die Energiekrise veranlasste 1974 die Markteinführung der Sechszylinder-Versionen 280 SL und 280 SLC mit Viergangschaltung (fünf Gänge gegen Aufpreis) oder Viergang-Automatikgetriebe. Sie sind etwas wirtschaftlicher als die V8-Varianten, verlangen aber nach heftigem Einsatz des Schalthebels.
1976 erlebten die Modelle eine gründliche Überarbeitung, bei der die Bosch K-Jetronic eingeführt und gleichzeitig der Innenraum überarbeitet wurde. Außerdem spendierte man den Modellen eine bessere Geräuschdämmung und optimierte den Rostschutz.
Zwei neue V8-Motoren, 380 SL und SLC, sowie eine neue Viergang-Automatik rundeten 1980 das Angebot ab. 500 SL und SLC folgten kurz darauf. Auf den unterschiedlichen Märkten ergänzten verschiedene Versionen wie der 350 SL 4.5 und 450 SLC 5.0, der den Fünfliter-V8 des 500 SL und SLC nutzte, die Modellpalette.
Im Jahr 1981 wurde die Produktion des SLC eingestellt, doch der SL wurde mit einem neuen Sechszylinder (als 300 SL) weiter gebaut. Der 1985 vorgestellte 420 SL löste den 380er ab und war in einigen Märkten wie beispielsweise Großbritannien nur mit einer Viergang-Automatik lieferbar. 1986 schließlich kam als Vertreter der letzten Modellgeneration der 560 SL mit einer ganzen Reihe von Verbesserungen zu den Kunden. Zu den Optimierungen gehören neue Aluräder mit Niederquerschnittreifen, eine überarbeitete vordere und hintere Aufhängung sowie ABS und Fahrer-Airbag.
Die Preise für die in relativ großen Stückzahlen gebaute Modellreihe beginnen im niedrigen fünfstelligen Bereich (ca. 14.000 EUR) für ein Exemplar mit Zustand 3 und enden irgendwo im Bereich von 50.000 EUR für einen 500 SL mit Zustand 1. Ältere Modelle, die nicht außerordentlich aufmerksam gepflegt wurden, haben zumeist Rostprobleme und – auch ein Sportler kommt in die Jahre – technische Altersschwächen. Die jüngeren Modelle, vor allem jene mit geringen Laufleistungen, sind gesuchte Exemplare, wobei 300 und 500 SL in der Käufergunst ganz oben stehen. Der SLC erzielt im Allgemeinen etwas niedrigere Preise.

Von der Seite gesehen wirkt der SLC gestreckter als der Roadster.

Wie schon erwähnt, bieten diverse Preisführer (z. B. *Oldtimer Katalog*, erschienen im HEEL Verlag) und Fachmagazine wie *Oldtimer Markt* einen sehr guten Überblick über die Marktsituation.

Im Vergleich wirkt der Radstand der offenen Version deutlich kürzer.

5 Vor der ersten Inaugenscheinnahme

Auch wenn man glaubt, man hätte in den vielen Anzeigen genau sein Traumexemplar gefunden, so sollte man sich Gedanken über einige Punkte machen, bevor man zum Telefonhörer greift. Das spart vielfach Zeit und Geld. Denn wenn man voller Euphorie auf der Suche nach dem vermeintlichen Traumklassiker ist, neigt man schon mal dazu, die einfachsten und banalsten Dinge außer Acht zu lassen.

Wo steht der Wagen?

Lohnt es sich, eine lange Anreise auf sich zu nehmen? Grundsätzlich sollte man sich zu Beginn der Suche Fahrzeuge anschauen, die in unmittelbarer Umgebung angeboten werden, um so etwas Erfahrung zu sammeln. Und vielleicht befindet sich ja unter diesen Kandidaten auch schon ein interessantes Exemplar. Die Entfernung ist natürlich auch ein wichtiger Aspekt für die Transportfrage, falls der Wagen nicht auf seinen eigenen Rädern überführt werden kann. Vielleicht lässt sich der Preis angesichts dieser Kosten drücken? Befindet sich der Wagen im Ausland, gilt es neben der Anfahrt auch noch zusätzlich die Zollmodalitäten bei einem möglichen Kauf zu berücksichtigen.

Händler oder Privatanbieter?

Klären Sie im Vorhinein ab, ob das Fahrzeug von seinem Besitzer oder einem Händler verkauft wird. Der Privatmann sollte alle Einzelheiten der Historie kennen, daher scheuen Sie nicht davor zurück, sehr detaillierte Fragen zu stellen. Auch ein seriöser Händler wird Ihnen auf Nachfrage etwas zu der Fahrzeuggeschichte mitteilen können. Ansonsten sehen Sie sich besser nach einem anderen Exemplar um. Das Kleingedruckte im Vertrag sollte man sich unbedingt genau durchlesen und auch angebotene Garantieleistungen muss man auf ihren Inhalt prüfen. Wenn man einen Wagen von einem Händler kauft, kann man juristische Schritte einleiten, wenn der Wagen sich als Mogelpackung herausstellt. Bei privaten Anbietern gilt die Regel: „Gekauft wie besichtigt und Probe gefahren". Vorsicht vor Händlern, die sich als Privatpersonen ausgeben.

Verkaufsgrund

Das sollte eine der ersten Fragen sein: Warum wird der Wagen verkauft und wie lange befand er sich im Besitz des letzten Eigentümers? Achten Sie darauf, ob die Ausführungen des Verkäufers nachvollziehbar sind. Wie viele Vorbesitzer gibt es?

Besichtigung – wann und wo?

Sinnvollerweise besichtigt man den Wagen beim Händler oder am Wohnsitz des privaten Besitzers. Hier können auch die gesamten Papiere in aller Ruhe überprüft und mögliche Fragen an Ort und Stelle geklärt werden. Der Besichtigungstermin sollte auf jeden Fall bei Tageslicht stattfinden. Vermeiden Sie auch regnerische Tage, denn die meisten Wagen sehen im Dunkeln und nass besser aus.

Zustand

Schon am Telefon sollte man den Verkäufer nach dem allgemeinen Zustand des angebotenen W 107 befragen und sich nach Karosserie, Fahrwerk, Innenraum und Mechanik erkundigen. Lieber eine Frage mehr als nötig stellen. Ist der Wagen täglich bewegt worden? Gibt es Wartungsunterlagen? Stimmt der

Tachostand? Stand der Wagen in einer Garage? Welche Arbeiten wurden vorgenommen? In vielen Fällen wird bei der Zustandsbeschreibung des Wagens übertrieben. Am besten fragt man vorab nach Fotos, die dann per E-Mail übermittelt werden können. Mit diesen Maßnahmen lässt sich meistens eine überflüssige Reise vermeiden.

Alles im Originalzustand?

Befindet sich das Fahrzeug im Originalzustand oder wurde etwas verändert? Sind Sportlenkrad, Auspuffanlage, Motortuning und andere Rad-/Reifenkombinationen im Kfz-Brief vom TÜV eingetragen? Ist für alle Tuning- und Zubehörteile eine entsprechende ABE (Allgemeine Betriebserlaubnis) vorhanden? Sollten entsprechende Eintragungen oder Unterlagen für die angebauten Teile fehlen, kann dies zum Erlöschen des Versicherungsschutzes führen.
Stimmen Motor- und Fahrgestellnummer mit den Angaben in den Fahrzeugpapieren überein? Ist der Originalmotor montiert oder handelt es sich um ein Austauschaggregat? Bitten Sie den Verkäufer, diese Nummern schon am Telefon mitzuteilen. Mittels dieser Angaben lässt sich der Wagen bei einer Besichtigung genau identifizieren.

Zulassung und TÜV

Ist der Wagen noch zugelassen, kann er problemlos auf eigener Achse in die neue Garage transportiert werden. Bei abgemeldeten Fahrzeugen ist ein entsprechendes rotes Kennzeichen notwendig. Wann war die letzte TÜV-Prüfung? Liegt der Bericht vor, und besteht die Möglichkeit, ihn vor der Besichtigung einzusehen? Ist das Fahrzeug schon längere Zeit stillgelegt, kann eine teure TÜV-Vollabnahme erforderlich werden.

Bleifreier Sprit

Fahrgestell- und Motornummern geben Auskunft, ob der Wagen über gehärtete Ventilsitze verfügt (vor allem bei jüngeren 280 SL, einigen 380 SL, 500 SL und allen 300 SL), doch die Erfahrung hat gezeigt, dass auch die bei anderen Versionen montierten Ventilsitze so hart wie bei den Bleifrei-Varianten sind. Bleifreies Benzin sollte also kein Problem darstellen.

Wie wird bezahlt?

Bar oder Überweisung? Womit sind Käufer und Verkäufer einverstanden? Akzeptiert der Verkäufer eine Anzahlung, um den Wagen zu reservieren? Sind Sie damit einverstanden, die Kaufsumme zu überweisen, bevor Sie den Wagen übernehmen?

Versicherung für die Probefahrt

Die Regelungen im Schadensfall sind sehr unterschiedlich, sodass man sich vorab bei den Versicherungen informieren sollte. Dabei gilt es sicher zu gehen, dass die neueste Rechtsprechung berücksichtigt wird. Generell gilt, dass Verkäufer und Käufer vor Antritt der Probefahrt vereinbaren müssen, wie die Haftung bei einem Unfall geregelt wird. Außerdem sollte sich der Verkäufer des Fahrzeugs vor der Probefahrt unbedingt Personalausweis und Führerschein des Kaufinteressenten zeigen lassen. Denn wenn dieser nicht im Besitz einer gültigen Fahrerlaubnis ist, verliert der Verkäufer seinen Versicherungsschutz.

Professionelle technische Überprüfung

Automobilclubs aber auch unabhängige Sachverständige bieten aufwändige technische Überprüfungen von Gebrauchtwagen an. Diese Investition kann sich durchaus lohnen, vor allem, wenn man nicht sicher ist, ob sich der erste Eindruck bestätigt. Gibt der Verkäufer nicht sein Einverständnis, hat er vermutlich etwas zu verbergen. Nicht selten existieren aber auch Wertgutachten, die vom Verkäufer in Auftrag gegeben wurden, um den geforderten Preis zu rechtfertigen.

Besitzverhältnisse und Daten überprüfen

Wichtig ist auch die Klärung der Frage, ob der Verkäufer gleichzeitig auch der tatsächliche Besitzer ist. Vorsicht, wenn jemand behauptet, den Wagen im Auftrag zu verkaufen. Eine Überprüfung ist in jedem Fall hilfreich. Bestehen Ansprüche Dritter, wie z.B. einer Bank? Sind die Papiere vollständig vorhanden?

So präsentierten sich die drei Versionen des Fahrvergnügens beim R 107: Außen links mit Hardtop, mit wetterfestem Klappverdeck oder offen.

6 Inspektionsausrüstung

- **Dieses Buch**
- **Kleiner Schraubendreher**
- **Spiegel an einer Stange**
- **Magnet (nicht stark)**
- **Taschenlampe**
- **Digitalkamera**
- **Overall**
- **Begleiter (bevorzugt jemanden, auf dessen fachkundiges Urteil man vertrauen kann)**

Bevor man sich zum Objekt der Begierde begibt, empfiehlt es sich, einige Dinge einzupacken, die bei der Begutachtung des infrage kommenden W 107-Exemplars durchaus hilfreich sein können. Dazu gehört auch dieses Buch, denn es dient als nützlicher Bewertungsratgeber. Durch das Ausfüllen der einzelnen Kästen bei der Überprüfung der jeweiligen Punkte erhält man eine übersichtliche Checkliste. Dabei sollte man sich nicht scheuen, den Verkäufer damit zu konfrontieren.

Ein kleiner Schraubendreher kann helfen, korrodierte Stellen an Radkästen und Bodenblechen zu finden. Dabei sollte man natürlich sehr vorsichtig vorgehen. An besonders von Rostfraß befallenen Stellen kann der Schraubendreher nämlich direkt durch das Blech gehen.

Ein Magnet ist nützlich, um bei Stahlblechteilen den übermäßigen Einsatz von Spachtelmasse zu entdecken. Beim Einsatz des Magneten muss man aber auch darauf achten, den Lack nicht zu beschädigen. Bei älteren Fahrzeugen bleibt der Einsatz von Spachtelmasse beim Restaurieren nicht aus, sodass man darauf vorbereitet sein sollte, entsprechende Spuren zu finden. Jedoch sollte es sich dabei nicht um sehr viele und großflächige Stellen handeln. Bei einigen W 107-Exemplaren bestehen die Motor- und Kofferraumhaube aus Aluminium; an diesen Stellen haftet der Magnet nicht.

Eine leistungsstarke Taschenlampe mit frischen Batterien erleichtert den Blick in die Radkästen und auf den Unterboden.

Die mit einer Digitalkamera gemachten Aufnahmen von problematischen Stellen können zu Hause noch einmal in Ruhe ausgewertet werden. Dabei sollte man jede Schwachstelle des Wagens festhalten und auch die Meinung eines Freundes oder Fachmannes einholen.

Bei einer so ausgiebigen Untersuchung muss man darauf vorbereitet sein, schmutzig zu werden. Daher empfiehlt sich ein Overall als Schutzbekleidung. Die durchaus etwas seltsam anmutende Spiegelkonstruktion ermöglicht es, auch einen Blick auf kritische Punkte an schwer zugänglichen Stellen unter dem Fahrzeug zu werfen. Die Taschenlampe ist dabei eine wichtige Hilfe.

Im Allgemeinen ist es ratsam, eine Begutachtung nur in Begleitung vorzunehmen. Es ist natürlich von Vorteil, wenn diese Person mit der Materie vertraut ist. Eine zweite Meinung ist immer wertvoll.

7 15-Minuten-Prüfung

Für Carl Wilford, der mit diesen Automobile handelt, ist das erste Gefühl entscheidend. Vorausgesetzt der W 107 hat eine geringe Kilometerleistung und ist vernünftig gewartet worden, dann wird er sich wie ein Neuwagen anfühlen. Hat er einmal diesen Charakter verloren, so meint zumindest Carl, ist es unmöglich, ihn wieder herzustellen. Nur wenn man mit sehr beschränktem Budget unterwegs ist oder die Restaurierung selbst in die Hand nehmen will, lohnt der Kauf eines Exemplars, bei dem sich dieses gewisse Etwas nicht einstellen will. Fühlt sich der Wagen aber vernünftig an, sollte man sich etwas näher mit ihm befassen und die Preisspanne ermitteln.

Vermittelt der Wagen beim Fahren ein sicheres Gefühl?

Welches Modell in welchem Zustand

Die ersten 350er und 450er sind heute weniger gesucht als die später gebauten Modelle. Falls sie nicht eine außerordentlich niedrigen Kilometerstand aufweisen und hervorragend gepflegt sind, leiden sie wahrscheinlich unter Rostschäden an der Karosserie oder Problemen an der Lenkung und/oder dem Automatikgetriebe. Sollte das der Fall sein, ist die entscheidende Frage, ob und wie gut diese Probleme gegebenenfalls behoben wurden.

Später gebaute W 107 leiden weniger unter den speziellen Lenkungs- und Automatikproblemen. Doch je nach Pflegezustand können auch hier Rostprobleme auftreten.

Spätere Modelle wie dieser 500 SL sind die begehrteren Exemplare.

Am Anfang steht das Handschuhfach

Wie alle Mercedes-Modelle dieser Generation rollte auch der W 107 hervorragend verarbeitet zu den Kunden. Daher können diese Fahrzeuge auch lange Zeit ohne die vom Werk vorgeschriebenen Inspektionen durchhalten, doch irgendwann wird sich die Vernachlässigung auch beim W 107 bemerkbar machen. Und der jeweilige Besitzer ist dann der Dumme. Daher sollte man zunächst die Vorgeschichte des Wagens überprüfen.

Wie viele Besitzer stehen im Kfz-Brief? Warum wurde der Wagen in der Vergangenheit verkauft und warum steht er wieder zum Verkauf? Gibt es Belege über regelmäßig durchgeführte Inspektionen? Jeder Mercedes wurde mit einem Wartungsheft ausgeliefert, in dem sich der Betrieb mit seinem Stempel nach der durchgeführten Wartung (einschließlich Datum und Kilometerstand) verewigen konnte. Wenn dieses Heft vorhanden ist, und die Inspektionen alle 5000 Kilometer oder mindestens einmal im Jahr dokumentiert sind, dann ist dies schon ein erstes positives Zeichen. Wenn dann noch die eingetragenen Firmen und Werkstätten einen guten Ruf für sorgfältige Arbeit genießen, umso besser.

Ist das Serviceheft nicht vorhanden, sollte man sich auf jeden Fall Rechnungen über die Inspektionen vorlegen lassen, aus denen klar hervorgehen muss, welche Arbeiten durchgeführt wurden. Lange Standzeiten sind wie bei fast allen Automobilen kein gutes Zeichen. Auch der W 107 verlangt nach regelmäßigen Ausfahrten, um die Mechanik in Schwung zu halten. Natürlich können TÜV-Gutachten ebenfalls als Nachweis für einen guten Zustand des Objekts der Begierde hilfreich sein.

Alles original und vollständig?

Ist das Verdeck in einem guten Zustand?

Nach dem Ausflug in die Unterlagen aus dem Handschuhfach, kann man sich dem Rest des Wagens zuwenden. Gibt es Teile, die offensichtlich nicht original sind oder fehlen einige Teile? Wie bereits erwähnt, sind Verschleißteile zumeist recht preiswert, doch Anbauteile sind entweder unbezahlbar oder schlicht nicht mehr auf dem Markt. Ist der Innenraum noch im Originalzustand? Falls nicht, wurde erfolgreich versucht, den ursprünglichen Zustand wieder herzustellen? Ist der Chromschmuck vollständig?
Beim SL: Ist das Verdeck unbeschädigt und funktioniert es einwandfrei? Falls ein Hardtop montiert ist: Ist der Verkäufer bereit, das Dach abzunehmen, um den Zustand des Verdecks zu demonstrieren? Oder ist er bereit, Ihnen bei der Demontage zu helfen, um den Zustand zu überprüfen? Hardtops tragen die Fahrgestellnummer des Wagens, für den sie produziert wurden, auf ihrer Unterseite.
Sind alle Chromleisten und äußeren Karosserieteile vorhanden und noch in einem guten Zustand? Sind die Lampenhalterungen beschädigt? Weist der Grill eventuell Beschädigungen auf?

Rost kann sich hinter den Scheinwerfern ausbreiten.

Korrosion

Während der Produktionszeit des W 107 optimierte Mercedes-Benz die Rostvorsorge deutlich. Zwar waren die ersten Modelle (350 und 450) ihrer Zeit entsprechend gut vorbereitet, doch nach mehr als 30 Jahren Einsatz auf mitunter gut gesalzenen Straßen und ohne regelmäßige Unterbodenwäsche oder neuen Unterbodenschutz, haben sich diese Abwehrmaßnahmen wahrscheinlich längst in Wohlgefallen aufgelöst. Die später gebauten Modelle kamen in den Genuss eines besseren Korrosionsschutzes.

Sind die Schweller schlecht repariert, kann die Wagenheberaufnahme unbrauchbar werden.

Mit Ausnahme der Motor- und Kofferraumhauben bei einigen der späteren Modelle (sie waren aus Aluminium gefertigt) wurden die W 107 vollständig aus Stahlblech gefertigt und sind daher durchaus rostgefährdet. Alle wurden mit Unterbodenschutz ausgeliefert, doch der wurde im Laufe der Jahre brüchig und ermöglichte so, dass sich Feuchtigkeit zwischen Unterbodenschutz und Blechen einnisten kann. Regelmäßige Unterbodenpflege kann den Rostbefall verzögern, und wenn eine solche Behandlung dokumentiert ist, um so besser.

Wasser fließt aus einem vorderen Rahmenteil.

Zu den empfindlichen Stellen zählen die Einfassung der Windschutzscheibe, die Lufteinlässe, vordere und hintere Fahrwerksträger (besonders im Bereich der Lenkungshalterung bei frühen Modellen), Radhäuser, Schweller, Wagenheberpunkte und um die Frontscheinwerfer. Der Unterdruckbehälter für die Zentralverriegelung unter dem rechten vorderen Kotflügel rostet häufig, und auch die Rückleuchten neigen zu Undichtigkeiten und sammeln genau wie die Stoßfänger Feuchtigkeit.

Reparaturen an diesen Blechen sind kompliziert.

Die meisten Rostattacken sind bei diesen Wagen reparierbar, was aber die Frage aufwirft, wie gut diese Reparaturen ausgeführt wurden. Sind dafür Reparaturbleche vom Werk benutzt worden? Ist dies nicht der Fall, entsprechen dann die eingefügten Bleche dem Originalprofil? Auch hier können Rechnungen und Belege hilfreich sein. Gibt es zum Beispiel Rechnungen für Reparaturbleche? Sind die Arbeiten von einer Werkstatt ausgeführt worden, die Erfahrungen mit dem W 107 vorweisen kann und einen guten Ruf hat?

Lenkung, Fahrwerk und Bremsen

Abgesehen von Problemen mit der Halterung des Lenkgetriebes bei den zuerst gebauten Exemplaren, sollte es in diesen Bereichen kaum Auffälligkeiten geben. Diese Komponenten bieten eine gute Qualität und benötigen nur geringen Wartungsaufwand, sodass sie eine lange Lebensdauer besitzen. Die Lenkung kann Spiel entwickeln, das eine genaue Einstellung notwendig macht. Wurde dies vernachlässigt, wird ein kostspieliger Austausch fällig.

Motoren

Motorraum eines 450 SLC 5.0.

Auch beim Antrieb ist eine regelmäßige Wartung der Schlüssel zu Langlebigkeit. Ist das Motoröl sauber und zeigt der Ölmessstab den korrekten Stand an, sieht die Sache erst mal gut aus. Verschmutztes, zähes und schwarzes Öl weist auf lange Einsatzzeiten des Schmiermittels und Filters hin. Bei niedrigem Ölstand könnte die Ursache in einem zu seltenen Auffüllen zu suchen sein. Allerdings könnte es auch ein Indiz für eine größere Undichtigkeit oder erhöhten Ölverbrauch aufgrund abgenutzter Kolbenringe sein.

Ist der Ölstand verdächtig hoch, kann dies daran liegen, dass der Wagen oftmals über kurze Strecken mit viel Stop-and-Go-Verkehr eingesetzt wurde und sich daher das Benzin mit dem Öl vermischt hat. Oder es hat sich Wasser an der Kopfdichtung vorbei gedrückt. Weißliche Ablagerungen im Öldeckel sind ein untrügliches Zeichen dafür.

Zu viel Öl in der Ölwanne kann blauen Qualm verursachen. Tritt dieses Symptom beim Lastwechsel

Dieser Motorraum eines 300 SL präsentiert sich fabrikneu. Alle Aufkleber sind vorhanden und lesbar. Dieser Wagen hatte erst wenige Kilometer zurückgelegt, als das Foto entstand.

auf, könnte der Grund auch in defekten Ventildichtungen zu finden sein.

Die ersten V8-Motoren sind lauter (zum Teil war die Dämmung nicht so gut wie bei den später gebauten Modellen) und weniger ausgefeilt als die späteren Aggregate. Bei Betriebstemperatur sollte der Öldruck bei 2000 Umdrehungen und mehr bei seinem Maximum verharren.

Getriebe

Die meisten W 107 wurden mit der jeweils verfügbaren Automatik bestellt. Auf einigen Märkten gab es später nicht einmal die Option für eine manuelle Schaltung. Die Viergang-Automatik mit Hydraulikkupplung des 350 SL und SLC schaltet nicht so sanft und leise wie man das von modernen Modellen her kennt, sollte den Wagen aber mit einiger Agilität beschleunigen, ohne großen Unterbrechungen schalten und prompt auf Kickdown reagieren. Der Wählhebel auf dem Mitteltunnel sollte sich leicht zwischen den Einstellungen 2, 3 und Drive bewegen lassen. Die Dreigang-Automatik mit Drehmomentwandler bei den Modellen 450 SL und SLC arbeitet leiser und runder und die Viergang-Automatik der späteren Modelle ist noch besser. Schalten diese Getriebe nicht wie beschrieben, dann ist eine neue Einstellung oder eine teure Überholung fällig.

Die Mercedes-Handschaltungen sind immer wieder kritisiert worden, doch die beim W 107 eingesetzten Exemplare lassen sich gut bedienen. Die ersten 350er und 280er hatten Viergangschaltungen. Beim 280er offerierte der Stuttgarter Autobauer später ein Fünfganggetriebe gegen Aufpreis.

Räder und Reifen

Alle W 107 wurden entweder mit Stahlrädern (mit Radkappen) oder Leichtmetallrädern angeboten. Es gab zwei Arten der Leichtmetallräder, wobei die flache Variante mit 15 Löchern mit dem 300 SL eingeführt wurde. Die meisten Exemplare wurden mit Leichtmetallrädern bestellt. Ihr Zustand muss unbedingt untersucht werden, denn sie können leicht beschädigt werden und Ersatz ist kostspielig. Selbst die Radkappen für die Stahlräder sind nicht billig.

Die auf dem zum Verkauf stehenden SL bzw SLC montierten Reifen sollten nicht überaltert sein (Baujahr der Reifen ist aus einer Zahlenkombination an der Reifenflanke ersichtlich) und keine Beschädigungen (Risse an den Flanken) oder ungleichmäßige Abnutzungsspuren (verursacht durch falsche Fahrwerkseinstellung bzw. Schäden an der Radaufhängung) aufweisen. Auch sollten es vier Reifen des selben Typs sein.

Entscheidung

Für eine endgültige Kaufentscheidung müssen wichtige Fragen beantwortet werden: Wie weit entspricht der Wagen dem Originalzustand? Wie gut ist er? Wie klingt er? Falls Reparaturen notwendig sind, passen sie in Ihr Budget? Lassen sich die Defekte bei den Preisverhandlungen nutzen?

8 Problemstellen

Ein ziemlich beanspruchter Motorraum eines 420 SL.

Sind alle Teile vorhanden und ist das Interieur unbeschädigt?

Service-Historie

Wenn der Wagen einen guten Eindruck macht, überprüfen Sie, ob er anständig gewartet wurde. Ist das Serviceheft noch vorhanden und reichen die Eintragungen bis zur Gegenwart? Existieren aussagekräftige Rechnungen und/oder TÜV-Bescheinigungen? Ist der Ölstand korrekt und ist das Öl sauber?

Original und vollständig?

Ist der Wagen in irgendeiner Weise modifiziert worden? Sind Teile beschädigt oder fehlen sie? Das ist vor allem dann wichtig, wenn man sich für ein Restaurierungsobjekt interessiert.

Bei Restaurierungen oder Reparaturen: Wurden die Arbeiten gut ausgeführt? Weisen die Kotflügel Spachtelmasse auf? Wurden bei den Reparaturen Original-Reparaturbleche eingesetzt, und wurden die Arbeiten sauber ausgeführt?

Falls der Innenraum überarbeitet wurde, kamen dabei qualitativ hochwertige Materialien zum Einsatz und entsprechen sie dem Werksstandard?

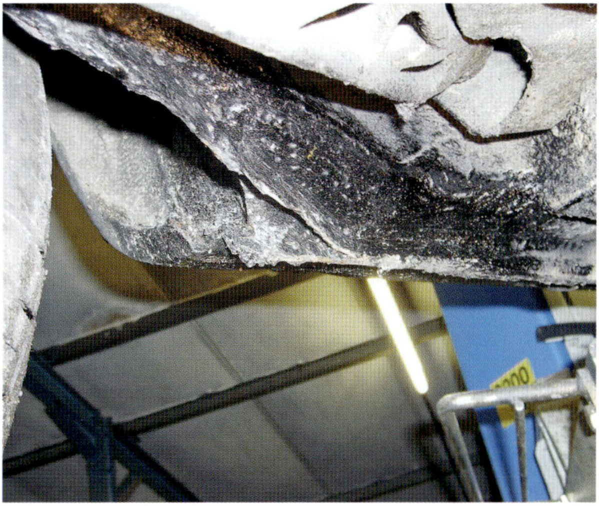

Im Schwellerbereich vor dem Hinterrad findet man regelmäßig Reparaturstellen.

Wie fährt er sich?

Selbst wenn Sie noch nie einen W 107 bewegt haben, ist eine kurze

Das vordere Ende des Schwellers ist ebenfalls rostanfällig.

Probefahrt sehr aufschlussreich. Jedes gut gewartete Exemplar sollte sich wie ein modernes Automobil verhalten. Bei den zuerst gebauten Modellen können die Motoren einen „lärmigen" Eindruck hinterlassen, das Getriebe etwas rau schalten und die Karosseriebewegungen mögen etwas ausgeprägter als gewohnt sein. Der 280 verlangt nach relativ hohen Drehzahlen, um Leistung zu bringen. Die später gebauten Modelle sollten sich so solide und steif anfühlen wie neue Wagen und problemlos geradeaus laufen. Sie sollten zudem Unebenheiten kaum zur Kenntnis nehmen, nicht klappern und geringste Rollbewegungen zeigen. Zuviel davon lässt sich beim Überfahren einer Unebenheit durch ein verzerrtes Bild im Rückspiegel feststellen.

Die kraftvollen Bremsen sollten den Wagen angemessen verzögern und ihn in der Spur halten.

Alle Bedienelemente sollten einen guten Eindruck machen.

Ein verzerrtes Bild im Rückspiegel während der Probefahrt ist ein Zeichen für eine „weiche" Karosserie.

9 Realistische Bewertung

Vergeben Sie in den entsprechenden Kategorien je nach Zustand die entsprechende Punktzahl (1–4), während Sie den Wagen untersuchen. Dabei bedeutet:

++ (4 Punkte) perfekter Zustand
+ (3 Punkte) nahezu perfekter Zustand
o (2 Punkte) restaurierungs- bzw. reparaturbedürftiger Zustand
– (1 Punkt) schwere Mängel

Die Auswertung der Gesamtpunktzahl wird am Ende des Kapitels erklärt. Seien Sie bei der Beurteilung realistisch!

Benutzen Sie einen Magnet, um Spachtelmasse ausfindig zu machen.

Äußere Erscheinung

++ + – o
4 3 2 1

Lack

Die Modelle der Baureihe W 107 wurden in einer Vielzahl von Lackierungen und Ausstattungsdetails angeboten, sodass sich die Kunden ihr Fahrzeug ganz individuell zusammenstellen konnten. Der ursprüngliche Lack bot eine hervorragende Qualität, doch im Laufe der Zeit sind viele Wagen teilweise oder komplett neu lackiert worden. Die Originallackierung sollte auf einer Plakette an der Motorhaube dokumentiert sein. Der Farbton lässt sich anhand einer dreistelligen Zahlenkombination ermitteln. Der Buchstabe am Ende der Zahlenkombination verrät den Lackhersteller (zum Beispiel „H" für Herbert).

Im Laufe der Jahre wurde der W 107 in vielen Lackierungen angeboten.

++ + – o
4 3 2 1

Bleche

Mit Ausnahme der Kofferraum- und Motorhauben bei den zuletzt gebauten Exemplaren (die aus Aluminium gefertigt wurden) bestehen alle Karoserieteile beim W 107 aus Stahlblech. Als die Modelle gebaut wurden, entsprach die Rostvorsorge dem damaligen Stand der Technik und wurde während der langen Produktionszeit ständig weiter verbessert. Allerdings können heute durchaus Rostprobleme auftreten – vor allem im Bereich der Radhäuser, Schweller, Wagenheberpunkten und um die

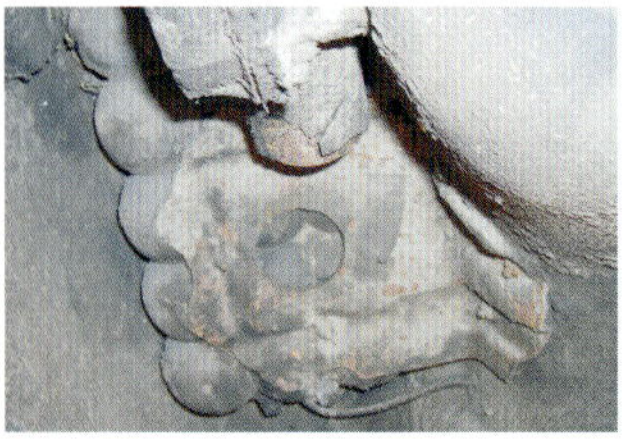

Der Unterdruckbehälter für die Zentralverriegelung unter dem rechten Frontkotflügel ist rostanfällig.

Der Radausschnitt wurde repariert und hat nun ein falsches Profil.

So sieht die korrekte Wölbung aus.

Der SLC-Spoiler hatte auch die Aufgabe, dem Aluminium-Heckdeckel mehr Stabilität zu verleihen.

Dieser Chromgriff wurde beim 500 SL mit Heckspoiler nicht montiert.

Der 280 war eine Reaktion auf die Ölkrise. Hohe Drehzahlen sind notwendig, um sein Temperament zu wecken.

Frontscheinwerfer. Diese Probleme sind bei schlecht reparierten Exemplaren noch größer. Untersuchen Sie, ob die Bleche in diesen Bereichen das korrekte Profil aufweisen. Man sollte sich im Vorfeld der Besichtigungstour SL- bzw. SLC- Fahrzeuge in Originalzustand genau anschauen, um diese Fehler besser erkennen zu können. Falls die Schweller repariert wurden, muss man überprüfen, ob der vom Werk gelieferte Wagenheber in die entsprechenden Punkte passt.

Unter den Frontkotflügeln lauern im Bereich der Scheinwerfer Rostnester. Diesen Bereich sollte man genauestens auf Sauberkeit und noch vorhandenen Rostschutz hin untersuchen.

Reparaturbleche für die hinteren Radhäuser des SL mit der richtigen Wölbung sind für einen vernünftigen Preis zu bekommen und können auch für den SLC verwendet werden.

Zu den weit verbreiteten Problemen gehören Kofferraumhauben, die häufig Schwierigkeiten haben, offen stehen zu bleiben, was möglicherweise an gebrochenen Torsionsfedern liegt. Als weitere Ursache kommt auch ein nachträglich montierter Heckspoiler infrage, denn in so einem Fall sind stärkere Federn notwendig, um das zusätzliche Gewicht zu verkraften. Man kann diese natürlich auch nachrüsten, wenn es darum geht, eine gebrochene Federn zu ersetzen. Allerdings erfordert der Einbau eine gewisse Kraftanstrengung.

Bei den Aluminiumhauben sollte man auf tiefe Dellen achten, die entstehen, wenn die Hauben beim Schließen nicht mit der Handfläche heruntergedrückt werden.

Windschutzscheibe

++	+	–	o
4	3	2	1

Die Windschutzscheiben der W 107 sind mit dem Rahmen verklebt und können sich daher mit zunehmendem Alter am unteren Ende lösen. Das führt wiederum zu Leckagen, und die logische Folge ist Rost. Falls der Wagen erst kurz vorher nass geworden ist, kann ein leichter Druck an dieser Stelle Feuchtigkeit offenbaren. Das Gleiche gilt auch für den oberen Teil der Windschutzscheibe. Das hier eindringende Wasser findet sich zumeist in der Mittelkonsole wieder.

Leckagen am unteren Teil führen im Allgemeinen zu Feuchtigkeit in den Fußräumen. Für den Aus- und Einbau der Scheibe sollte man einen Spezialbetrieb aufsuchen. Ist die Scheibe einmal ausgebaut, sollte man gleich auch alle möglichen Lackschäden in diesem Bereich reparieren, weil sich ansonsten hier Rost ausbreiten kann. Der Rahmen kann bei Bedarf auch geschweißt werden, was aber einschließlich der Neulackierung ziemlich kostspielig werden kann. Die A-Säulen müssen besonders auf der Seite zur Scheibe hin sehr stabil sein, weil sie Teil des Überrollschutzes sind.

++	+	–	o
4	3	2	1

Heizungseinlässe

Diese Einlässe sind wahrscheinlich jene Bereiche, an denen sich beim W 107 am ehesten Rost finden lässt. Man findet sie unterhalb der beiden Öffnungen vor der Windschutzscheibe. Die Luftströme für die Heizung und Lüftung werden von hier direkt zum Ventilatorbereich weitergeleitet. Neben Frischluft kann hier aber auch Wasser eindringen, das sich über Leitungen in den Bereichen unter den Kotflügeln und am Heizungsgebläsemotor verteilt. Der Rostschutz war hier bei älteren W 107, weniger bei den jüngeren Exemplaren, nicht so ausgeführt, wie er hätte sein sollen. Das Problem wird dadurch noch verstärkt, dass die Entwässerungsöffnungen im Laufe der Zeit verstopfen und so an den durchgerosteten Bereichen Wasser ins Innere – vor allem in die Fußräume – eindringen kann.
Um dieses Problem zu beseitigen, bleibt nichts anderes übrig, als die Kotflügel, Armaturentafel und einen Teil der Innenausstattung zu demontieren und die vom Rost befallenen Bleche auszuschneiden. Danach folgt der Einbau einer neuen Spritzwand und eine Neulackierung des gesamten Bereichs. Das kostet logischerweise viel Geld, und daher wählt man zumeist einen praktischeren Weg. Nachdem Lüftungsgitter und Abdeckung des Gebläsemotors entfernt und gesäubert sind, kann man zu Glasfasermatten und Stahlblechen greifen. Die Bleche unterhalb der Öffnungen können weggeschnitten werden, um einen bessern Zugang zu haben, und danach wieder angeschweißt werden, wobei die Verbindungen von den Lüftungsgittern verdeckt werden. Bei korrekter Ausführung und so lange die Entwässerungslöcher frei sind, hält diese Lösung dauerhaft. Ohne diesen Bereich zu demontieren, ist es aber schwer zu ermitteln, ob diese Reparaturmaßnahme sorgfältig ausgeführt wurde. Es ist daher einfacher herauszufinden, wer diese Reparatur vorgenommen hat und ob der Betrieb bekannt für seine qualifizierten Arbeiten ist .

Das Karosserieblech wurde entfernt, um den korrodierten Bereich unterhalb des Lufteinlasses freizulegen.

Hier ist der Heizungsventilator bereits entfernt.

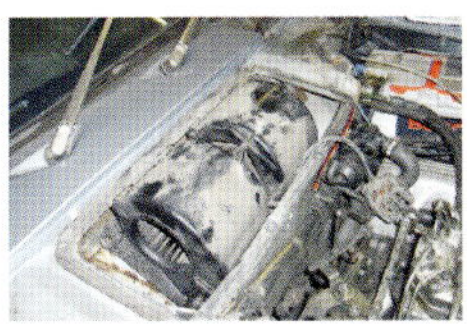

So sieht der montierte Heizungsventilator aus.

An dieser Seite wurde die betroffene Partie mit Glasfasermatten repariert.

++	+	–	o
4	3	2	1

Spaltmaße

Befindet sich der Wagen in einem einwandfreien Zustand, sollten die Spaltmaße zwischen den einzelnen Karosserieblechen schmal und gleichmäßig sein. Mercedes-Benz war schon immer stolz auf seine Qualitätsstandards und viele Kunden meinen, dass die Verarbeitungsqualität beim W 107 den Höhepunkt erreicht hatte – vor allem gegen Ende der Produktionszeit.

Die Spaltmaße sollten schmal und gleichmäßig sein.

++	+	–	o
4	3	2	1

Dichtungen

Tür- und Fensterabdichtungen lassen sich leicht auf ihren Zustand untersuchen und ebenso leicht

Die Verdeckabdeckung kann undicht werden.

austauschen, allerdings sind sie ziemlich teuer. Ist man sich bezüglich ihres Zustandes nicht ganz sicher, sollte man den Verkäufer bitten, sie einem Test zu unterziehen. Selbstverständlich kann der Einsatz eines Gartenschlauchs oder Eimers einen „richtigen" Regen, der ja aus allen Richtungen und mit mehr Druck kommt, nicht hundertprozentig simulieren, aber es lassen sich so grobe Undichtigkeiten feststellen. Defekte Dichtungen können Feuchtigkeit in den vorderen oder hinteren Fußräumen verursachen.

Eine defekte Verdeckdichtung kann ebenfalls die Ursache für Feuchtigkeit im hinteren Fußraum sein. Die geklebte Dichtung lässt sich allerdings leicht austauschen. Aber auch bei funktionierenden Dichtungen kann es hier zu Undichtigkeiten kommen. Oftmals tritt der Rostbefall an der Kontaktstelle zwischen Verdeckklappe und Dichtung auf. Dadurch kann Wasser eindringen, was man aber leicht beheben kann. Das Blech lässt sich entfernen, indem man vier Bolzen löst, doch benötigt man Hilfe, wenn man den Lack nicht beschädigen will. Nachdem der Rost beseitigt ist, wird der Bereich mit Rostschutz versehen und anschließend lackiert. Das Lackieren mit seidenmatter Farbe (schwarz) sollte kein allzu großes Problem darstellen.

Wassereinbrüche im hinteren Fußraum können aber ebenfalls durch ein undichtes Verdeck oder Hardtop verursacht werden. Die beiden Teile dichten die Chromleiste der Verdeckabdeckung und oberhalb der Windschutzscheibe ab, doch beide Bereiche sind im Allgemeinen wasserdicht.

Äußere Anbauteile

++ + – o
4 3 2 1

Wegen ihrer ursprünglich guten Qualität bereiten die Anbauteile beim W 107 keine Probleme, vorausgesetzt sie wurden entsprechend gepflegt. Untersuchen Sie, ob alle Teile vorhanden und unbeschädigt sind – Austausch kann kostspielig werden.

In den Stoßfängern sammelt sich gerne Wasser und daher nistet sich hier häufig Rost ein.

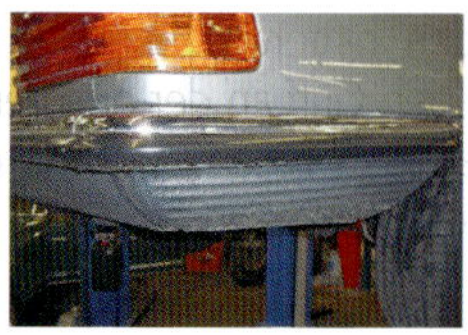
Hintere Stoßstangen können zu einer Wasserfalle werden.

Vordere Stoßfänger neigen zu Rostbefall.

Scheibenwischer

++ + – o
4 3 2 1

Die großen, verchromten Scheibenwischer sollten, außer bei extremen Unwettern, die Windschutzscheibe perfekt säubern.

Stoffverdeck

++ + – o
4 3 2 1

Ein vollständig und funktionierendes Verdeck ist überaus wichtig. Sollte ein Hardtop montiert sein, benötigt man die Hilfe des Verkäufers oder eines Partners, um es für die Untersuchung des Verdecks zu entfernen.

Das Stoffverdeck des W 107 verschwindet vollkommen in einer Mulde, sodass es nicht demontiert werden muss, wenn das Hardtop zum Einsatz kommt. Der Mechanismus ist relativ einfach und zuverlässig, doch sind die Spannseile anfällig und können ganz versagen.

Elektrische Verdecke wurden von Mercedes für diesen SL nicht angeboten, doch gibt es nachträglich montierte Antriebe. Diese zeichnen sich allerdings durch eine gewisse Unzuverlässigkeit aus und können Schwierigkeiten bei der Wartung und/oder Reparatur bereiten, sodass man sich am besten mit der manuellen Betätigung zufrieden geben sollte.

Undichte Verdecke sind meistens auf Löcher zurückzuführen, die meist das Resultat von längerem und harten Einsatz sind. Austauschverdecke sind auf dem Markt und werden am besten von Spezialisten montiert. Dabei ist viel Klebstoff im Spiel, und außerdem ist es wichtig, dass Falten und Risse vermieden und die Spannseile sauber eingebaut werden.

Das Verdeck des W 107 ist strapazierfähig, kann aber im Laufe der Zeit verschleißen.

Der Verdeckhebel sitzt in der B-Säule.

Hardtop

++ + – o
4 3 2 1

Dabei handelt es sich um eine aufwändige Stahlblechkonstruktion. Überraschenderweise kann das aufsetzbare Dach die Ursache für Feuchtigkeit im Innenraum sein. Dringt Wasser im Bereich des Rückspiegels oder am oberen Ende der Windschutzscheibe ein, so kann die Ursache eine fehlerhafte Abdichtung nach einer Neulackierung sein. Dabei werden die Chromleisten und Glas entfernt. Bei der Neumontage kommt Silikondichtmittel zum Einsatz. Oft wird dabei zu wenig aufgetragen. Das korrekte Dichtmaterial ist Ölkitt. Ein undichtes Hardtop muss vollständig auseinandergenommen und richtig abgedichtet werden.

Die Hardtops sind Schwergewichte. Eine Hebekonstruktion ist hilfreich. Die richtige Lagerung ist häufig ein Problem.

Um das Hardtop zu demontieren, muss man zunächst die Front- und Seitenhaken und dann den hinteren zentralen Bolzen lösen. Das erreicht man, indem man den Griff an der hinteren Verkleidung nach hinten schiebt. Wenn man nun zusammen mit einem Partner das Gewicht hält, kann man den kleineren Hebel nach vorne bewegen und das Hardtop abnehmen.
Der zentrale hintere Bolzen ist mit einem Kabel verbunden, das brechen oder aus der Führung geraten kann. Ist das der Fall, lässt sich das Hardtop abnehmen, indem man hinten einen Schraubendreher einsetzt, während das Dach vorne angehoben wird.
Für das optimale Abnehmen des Hardtops gibt es auch spezielles Hebewerkzeug.

Glas

++ + – o
4 3 2 1

Alle Glasteile für den W 107 sind lieferbar, aber nicht billig, sodass man den Zustand aufmerksam überprüfen sollte.

Licht

++ + – o
4 3 2 1

Die Heckleuchten können die Ursache für das Eindringen von Wasser in den Kofferraum sein. Dies ist die Folge von Rissen im Rückleuchtenglas oder defekter Dichtungen. Gerissene Rückleuchtengläser sollten ausgetauscht werden und die Einheiten vollständig abgedichtet werden.

Durch die Heckleuchten kann Wasser in den Kofferraum eindringen.

Neue Frontscheinwerfer sind kostspielig, sodass sich eine genaue Untersuchung lohnt. Die gegen Aufpreis gelieferte Scheinwerferwaschanlage kann blockieren – meistens bei der „Waschfunktion“, was dazu führt, dass der Wassertank, aus dem auch das Wasser für die Spritzdüsen der Windschutzscheibe kommt, ausläuft. Dieses Extra wurde in zwei Versionen ausgeliefert, deren Austausch in jedem Fall teuer ist. Es ist daher nicht ungewöhnlich, dass dieses System vom Vorbesitzer lahm gelegt wurde, um einen Dauerbetrieb der Waschwasserpumpe zu vermeiden.

Scheinwerfer sind kostspielig, und ihr Einstellmechanismus kann blockieren. Unterlegscheiben können hilfreich sein, um die Leuchteinheiten richtig zu justieren.

Räder und Reifen

++ + – o
4 3 2 1

Alle W 107 rollten entweder mit Radkappen-verzierten Stahlrädern oder Leichtmetallrädern zu den Kunden. Es gab zwei Versionen von Leichtmetallrädern, wobei die flache 15-Loch-Felge mit dem 300 SL und den anderen 1985 vorgestellten Modifikationen auf den Markt kam. Die meisten Modelle wurden mit Leichtmetallfelgen bestellt, deren Zustand genau unter die Lupe genommen werden muss, weil ihre Reparatur oder Austausch nicht billig ist. Selbst die Radkappen für die Stahlräder sind teuer.

Der frühe „Barockstil" der Leichtmetallräder.

Die später verwendeten 15-Loch-Aluminiumräder.

Die Modelle 350, 450, 380, die ersten 420 und 500 rollten auf Reifen der Dimension 205/70 VR 14. Die 280er wurden anfangs auf Gummis der Dimension 185 HR 14 ausgeliefert, wechselten später aber auf 195/70 VR 14 oder 205/70 VR14. 300 SL, später gebaute 420er und 500er sowie 560er waren mit 205/65 VR15 ausgerüstet. Mercedes-Benz lieferte die Wagen meistens mit Reifen aus den Häusern Continental, Pirelli, Michelin und mitunter Dunlop aus, doch sollte man Reifen aller renommierten Hersteller akzeptieren, vorausgesetzt sie sind gleichmäßig abgefahren und in gutem Zustand sowie ohne Alterungserscheinungen. Daher muss man die Flanken auf Risse untersuchen. Hier findet man übrigens auch Hinweise auf das Alter der Reifen. Abgefahrene oder alte Reifen sind zwar kein Grund, einen Wagen generell abzulehnen, eignen sich aber hervorragend als Argumentationshilfe bei Preisverhandlungen. Ungleich abgefahrene Reifen können ein Hinweis auf eine ausgeschlagene Lenkung und/oder Fahrwerksprobleme beziehungsweise schlecht ausgeführte Reparaturen am Fahrwerk sein.

Auf der anderen Seite können schlechte Reifen, falsche Größen oder fehlender Luftdruck aber auch das Fahrverhalten negativ beeinflussen. Daher sollte man genau untersuchen, ob der in die engere Wahl gezogene W 107 tatsächlich auf den korrekten Reifen mit dem vorgeschriebenen Luftdruck rollt.

Innenraum

Boden

++ + – o
4 3 2 1

Die Bodenbleche beim W 107 geben zumeist auch im Alter keinen Grund zur Beanstandung, dennoch lohnt sich ein Lupfen des Teppichbodens, um ihren Zustand unter die Lupe zu nehmen. Wenn sie in Ordnung und original sind – ausgezeichnet. Wurden sie repariert, stellt sich hier die Frage, ob die Austauschbleche eine entsprechende Qualität haben und gut eingepasst sind.

Velourspolster wurden bei den ersten W 107 verwendet.

Bei Feuchtigkeit: Liegt die Ursache in Löchern im Boden? Oder im undichten Verdeck? Einer undichten Spritzwand? Oder in der Lüftungsöffnung?

Anbauteile

++ + – o
4 3 2 1

Ein Kritikpunkt an den ersten W 107 war die störende Plastikanmutung des Innenraums. Die ab 1976 gebauten Exemplare wiesen mehr Holz und Stoff im Interieursbereich auf. In dieser Zeit wurde auch Leder beliebter, und die zuletzt (ab Modelljahr 1986) gebauten Exemplare boten noch mehr Luxus im Innenraum.

Stoff-Leder-Kombinationen waren ein beliebtes Extra und wurden in vielen Farben angeboten.

Hier präsentiert sich der Innenraum mit hellblauem Leder-Interieur.

Dieses Exemplar hat ein blaues Stoff-Interieur.

Schlösser, Griffe und Scheibenheber

++ + – o
4 3 2 1

Diese Details wurden so ausgeführt, wie man es bei einem Mercedes erwarten kann, dennoch lohnt sich eine Überprüfung, ob sie unbeschädigt sind und problemlos funktionieren. Sie müssen geschmiert werden, und falls die Seitenscheiben ausgetauscht wurden, kann es zu Passungsproblemen kommen. Das sollte aber keine Schwierigkeiten bereiten, weil die Beschläge eingestellt werden können und – sofern ein Austausch unvermeidbar sein sollte – die mechanischen Teile lieferbar sind.

Lenkrad und Armaturentafel eines 450 SLC 5.0.

Lenkräder

++ + – o
4 3 2 1

Die heute groß erscheinenden Lenkräder veränderten sich während der Produktionszeit nur geringfügig. Lederummantelungen waren ein Extra.

Instrumente und Anzeigen

++ + – o
4 3 2 1

Während der gesamten Produktionszeit des W 107 veränderte sich die Armaturentafel nur geringfügig. Die ersten Exemplare besaßen eine Uhr im Zentrum und zeichneten sich durch eine sehr komplizierte Bedienung der Klimaanlage aus. Später wurde die Uhr in den Bereich des Drehzahlmessers verlegt, und ihr Platz wurde durch eine zusätzliche Lüftungsöffnung genutzt. Die Bedienung der Klimaanlage wurde bei späteren Modellen ebenfalls überarbeitet.

Die Instrumente sind sehr zuverlässig, obwohl ungeschmierte oder gebrochene Tachowellen problematisch werden können. Die Nadel zittert dann oder verweigert ihren Dienst ganz.

Zu den Bedienelementen gehört auch der Multifunktionshebel an der Lenksäule, mit dem die beiden Geschwindigkeiten der Scheibenwischer, die Waschwasserpumpe und die Lichthupe gesteuert werden. Der Hebel wie auch die anderen Schalter wurden in vielen Modellen eingesetzt und haben sich als sehr langlebig erwiesen, dennoch sollte man ihre Funktion genau überprüfen.

Zubehör

++ + – o
4 3 2 1

Viele Mercedes-Benz Händler boten ihren Kunden zumeist Radios von Blaupunkt oder Becker an. Falls die Audio-Einheit in dem besichtigten Modell original ist, sollte sie nicht mehr als ein Radio und Kassettenteil bieten, schließlich kam die CD erst später. Viele SL und SLC sind inzwischen mit modernen Soundsystemen ausgestattet, doch die Originalgeräte kann man noch (zu entsprechenden

Viele SL- und SLC-Modelle haben eine nachgerüstete Alarmanlage, wie auch der hier gezeigt 300 SL.

Preisen) bei Spezialbetrieben finden. Allerdings muss niemand auf zeitgemäßen Hörgenuss verzichten, denn die Firma Becker hat moderne Geräte mit einer nostalgischen Frontgestaltung im Angebot.
Die W 107 verließen das Werk ohne Alarmanlagen, doch in einigen Märkten (zum Beispiel in Großbritannien) montierten die Händler bei den zuletzt gebauten Modellen nachträglich vom Werk zugelassene Anlagen.
Moderne Windschotts können auch bei diesen Modellen nachgerüstet werden.

Die linksgesteuerten Modelle hatten eine Pedal-Feststellbremse.

++ + – o

Handbremse 4 3 2 1

Bei linksgesteuerten Exemplaren befand sich die Handbremsbetätigung in Form des Handbremspedals im Fußraum, doch für die Märkte mit Rechtssteuerung gab es eine konventionelle Handbremse in der Mittelkonsole. Überprüfen Sie die Funktionsweise, vor allem bei Automatikmodellen, bei denen die Feststellbremse unter Vernachlässigung leiden kann.

++ + – o

Kofferraum (innen) 4 3 2 1

Der Kofferraum sollte mit Teppichboden ausgeschlagen sein; hier besonders auf Zustand und Sauberkeit achten.

Der Kofferraum war mit Teppichboden ausgeschlagen.

++ + – o

Reserverad und Werkzeug 4 3 2 1

Natürlich muss sich das Reserverad in gutem Zustand befinden (gefüllt, ausreichend Profiltiefe) und zum verwendeten Reifensatz passen. Achten Sie auf das Alter des Reifens!
Außerdem sollte der Werkzeugsatz mit dem Stern vollständig vorhanden sein.

Mechanik

++ + – o

Unter der Motorhaube (allgemeiner Eindruck) 4 3 2 1

Ein gut erhaltener W 107 sollte ein sauberes und gepflegtes Erscheinungsbild bieten. Falls er den Mercedes-Vorschriften entsprechend gewartet wurde, sind die Gummischläuche sowie die Aluleitungen mit einer leicht glänzenden Schutzlackierung versehen. Im Neuzustand gaben zahlreiche Aufkleber Auskunft über die verschiedenen Füllstände, doch sind diese im Laufe der Zeit zumeist verschwunden oder unlesbar geworden.

++ + – o

Fahrgestellnummern 4 3 2 1

Alle SL und SLC der Baureihe 107 tragen 14-stellige Identifikationsnummern auf einer Plakette im Motorraum. Die ersten drei Ziffern definieren das Modell – in diesem Fall also 107. Die folgenden drei Zahlen geben Auskunft über den Karosserietyp: 280 SL (042), 280 SLC (022), 300 SL (041), 350 SL (043), 350 SLC (023), 380 SL (045), 380 SLC (025), 420 SL (047), 350 SL 4.5 / 450 SLC (044), 450 SLC (024), 450 SLC 5.0 / 500 SLC (026). Die nächste Zahl steht für Linkssteuerung (1) oder Rechtsteuerung (2). Die 0 bedeutet Hand-, die 2 Automatikschaltung. Die letzten sechs Ziffern bilden die Seriennummer. Sollte der Wagen, den sie überprüfen, den Spezifikationen der Nummer nicht entsprechen, ist Misstrauen und eine genauere Betrachtung der Fahrzeughistorie angebracht.

Verkabelung

++ + – o

[4] [3] [2] [1]

Die Verkabelung sollte sich in einem guten, sauber isolierten und sicheren Zustand befinden. Kabel ohne Isolierung stellen eine große Brand- und Kurzschlussgefahr dar und weisen auf eine wenig professionelle Wartung oder Montage eines Zusatzgeräts hin. Die ursprünglich montierte Verkabelung entsprach einem außerordentlich hohen Standard.

Zündung

++ + – o

[4] [3] [2] [1]

Die vor 1976 produzierten W 107 waren mit einer elektronische Zündung von Bosch ausgestattet, die unabhängig von der Einspritzung arbeitete. Es handelt sich um eine Transistorzündung mit mechanischen Kontakten. Erkennbar ist dieses System an der blauen Bosch-Zündspule mit dem Aufdruck „Transistor" und den zwei Widerständen (0,4 Ohm und 0,6 Ohm), dem Transistor-Pack seitlich am Kotflügel und einem Satz Unterbrecherkontakte im Verteiler. Wenn die korrekten Kontakte vorhanden sind, sollten sie einen schwarzen und weißen Anschluss besitzen.

Die Transistor-Kontrolleinheiten sind sehr zuverlässig. Probleme werden meistens von den Kontakten verursacht. Der Schließwinkel sollte bei 30 bis 34 Grad liegen (falls kein Schließwinkeltester greifbar ist, sollte der Abstand 0,3 Millimeter betragen). Ein häufiges Problem sind verschlissene Kontakte, aber auch Masse- und Kontaktprobleme können dazu führen, dass der Motor schlecht startet oder unrund läuft.

Werden die Kontakte ausgetauscht oder eingestellt, muss der Zündzeitpunkt mit einer Stroboskoplampe wieder neu eingestellt werden. Kämpft der Motor trotz neuer oder noch guter Kontakte mit Startschwierigkeiten, kann man weitere Untersuchungen mit einem Volt- oder Multimeter durchführen. Für eine einfach Kontrolle genügt auch eine Prüflampe. Dafür entfernt man die Verteilerkappe und stellt sicher, dass die Kontakte geschlossen sind (andernfalls den Motor mit einem Schraubenschlüssel an der Riemenscheibe von Hand in die entsprechende Stellung drehen), schaltet die Zündung an und überprüft die Spannung an Klemme 15 der Zündspule – sie sollte bei 2,5 bis 3,5 Volt liegen. Bei geöffneten Kontakten muss die gemessene Spannung null Volt betragen. Ist das der Fall, arbeitet die Kontrolleinheit wahrscheinlich ausreichend. Die Zündspule lässt sich überprüfen, indem man das Zuleitungskabel von der Verteilerkappe abzieht und einen Abstand von vier Millimetern zum Anschluss einhält. Ein Helfer startet nun den Motor. Es sollte ein guter Funken zu beobachten sein. ACHTUNG: Es handelt sich um eine Hochspannungszündanlage. Es besteht erhebliche Verletzungsgefahr, wenn man die Kabel nicht mit einem ausreichend isolierten Werkzeug festhält! Ist der Funken vorhanden, liegt das Problem wahrscheinlich im Bereich des Verteilerfingers, den Zündkerzen oder Zündkerzenstecker.

Das Standardverfahren besteht im Allgemeinen darin, die offensichtlich defekte Kontrolleinheit auszutauschen, doch ist diese Übung einigermaßen kostspielig. Die Erfahrung hat gezeigt, dass als Fehler meistens defekte Lötstellen auszumachen sind, die sich aber leicht reparieren lassen.

Lässt sich der Motor trotz funktionierender Kontrolleinheit nicht starten, muss man die beiden Widerstände, die vorne am linken Kotflügel neben der Zündspule platziert sind, überprüfen. Diese Widerstände (0,4 und 0,6 Ohm) können altersbedingt ihren Dienst einstellen.

Später gebaute Exemplare des W 107 hatten ein komplettes elektronisches Zündsystem, das sich als äußerst zuverlässig erwiesen hat. Zündungsprobleme beschränken sich auf Zündspule und -kabel, Verteilerkappe oder Verteilerfinger.

Kühlsystem

++ + – o

[4] [3] [2] [1]

Vorausgesetzt, das Kühlsystem wurde wie in den Wartungsempfehlungen regelmäßig überprüft und verschlissene Schläuche ausgetauscht, sollten beim W 107 in diesem Bereich keine Überraschungen auftreten. Wurden die Wartungsintervalle eingehalten und die Kühlflüssigkeit regelmäßig auf ihre Tauglichkeit überprüft bzw. erneuert, dann sollte es hier kein Problem geben. Ist das nicht der Fall, sammeln sich Ablagerungen im System, die den Kühler in seiner Funktion beeinträchtigen. Aufgrund der Tatsache, dass das Kühlsystem von Mercedes-Benz für außergewöhnliche Bedingungen entwickelt wurde, erkennt man einen sich zusetzenden Kühler leider erst recht spät. Dann hilft auch kein Durchspülen mehr. Die Kühler können aber von einem der erstaunlich vielen Spezialisten auf diesem Gebiet wieder instandgesetzt werden, sodass die Kosten für eine Kühlerrestaurierung erschwinglich bleiben.

Undichte Schläuchen oder eine defekte Wasserpumpe können ebenfalls ein Überhitzen verursachen, doch sind diese Schäden in der Regel kaum zu übersehen. Der Lüfter ist mit einer Visko-Kupplung ausgestattet. Funktioniert sie nicht, ist ein Überhitzen garantiert. Außerdem bedeutet ein eventuell benötigter Ersatz einen tiefen Griff in die Geldbörse.

Natürlich verursacht auch eine durchgebrannte Zylinderkopfdichtung Temperaturprobleme, doch für diesen Schaden sind andere Symptome wie Wasser im Motoröl oder umgekehrt, eindeutigere Anzeichen.

Tritt ein Kühlmittelverlust an der Wasserpumpe auf, ist die Ursache wahrscheinlich eine defekte Dichtung in der Wasserpumpe. Diese Dichtung wird durch eine Feder gehalten. Bei laufendem Motor wird die Feder durch den Wasserdruck unterstützt, doch wenn die Maschine abgestellt ist, kann sich eine kleine Undichtigkeit an der unteren Seite am vorderen Ende der Wasserpumpe bemerkbar machen. Dort kann sich auch ein verräterischer von der Kühlflüssigkeit verursachter Fleck zeigen. Die Kosten für den fälligen Austausch der defekten Pumpe variieren je nach Motor, doch halten sich die Ausgaben für so eine Aktion im Rahmen und man verhindert wesentlich kostspieligere Folgeschäden.

++	+	–	o
4	3	2	1

Batterie

Alle W 107 wurden vom Werk mit Mercedes-Benz Batterien ausgerüstet, doch sind diese inzwischen so gut wie alle ausgetauscht worden. Die Batterietechnologie hat sich weiterentwickelt und heutzutage bekommt man Batterien mit mehr Kapazität und geringerer Baugröße. Wenn den Wagen lange Standzeiten erwarten und eine Alarmanlage montiert ist, empfiehlt sich generell eine leistungsstärkere Batterie.

++	+	–	o
4	3	2	1

Hauptbremszylinder

Überprüfen Sie den Stand der Bremsflüssigkeit. Der Wartungsplan sieht einen regelmäßigen Wechsel der Flüssigkeit vor, damit die Bremsleistung nicht abnimmt. Bremsflüssigkeit zieht mit der Zeit Wasser und bei hoher Belastung der Bremse kann sich dieses Wasser dann erhitzen und führt zu dem gefährlichen Fading. Ist die Flüssigkeit trüb oder dunkel, dann ist das Wechseln der Bremsflüssigkeit wahrscheinlich unterlassen worden. Ein zu niedriger Stand weist auf verschlissene Bremsbeläge oder Undichtigkeiten im System hin.

++	+	–	o
4	3	2	1

Motorzustand

Die Motoren im W 107 hatten wie alle anderen Mercedes-Aggregate die Neigung zu einem dezenten Öldurst. Ein halber Liter auf gut 300 Kilometern ist nicht ungewöhnlich, sodass man den Stand bei jedem Tanken kontrollieren sollte. Das ist allein schon deshalb von überlebenswichtiger Bedeutung, weil die Motoren einen relativ hohen Öldruck aufbauen bei gleichzeitig ziemlich geringem Ölvorrat in der Wanne. Wenn der Öldruck aus Mangel an Schmierstoff fällt, können die Ergebnisse katastrophal sein. Öl und Filter müssen auch regelmäßig gewechselt werden. Die letzten Motoren der Baureihe waren auf Serviceintervalle von 10.000 Kilometern ausgelegt, und diese Maßgaben sollten auf jeden Fall eingehalten werden. Spezialisten wie Roger Edwards empfehlen sogar Intervalle von 8000 Kilometern oder bei geringen jährlichen Laufleistung einen Wechsel mindestens alle 12 Monate. Wenn der Wagen, den Sie gerade überprüfen, weder sauberes Öl aufweist noch Belege für einen regelmäßigen Wechsel von Öl und Filter vorhanden sind, ist Misstrauen angebracht, was den Zustand des Motors betrifft.

Motor eines 280 SLC.

Liegt der Ölstand über dem eigentlich korrekten Niveau, dann können viele Kurzeinsätze des Wagens dafür verantwortlich sein. Unverbranntes Benzin mischt sich in solchen Fällen gern mit dem Öl und ist ein weiterer Grund für regelmäßige Ölwechsel. Zeigt sich am Öleinfüllstutzen eine cremige Flüssigkeit, dann ist dies ein eindeutiges Indiz für eine durchgebrannte Zylinderkopfdichtung.

Motor eines 380 SL.

Ein Ölverbrauch von mehr als einem halben Liter auf 300 Kilometern ist ein sicheres Zeichen für ein Problem. Undichtigkeiten können eine Ursache sein, doch ein Tropfen Öl braucht lange, bis er endlich den Garagenboden erreicht hat. Der Grund liegt wahrscheinlich in einem verschlissenen Kolben bzw. abgenutzten Kolbenringen oder einer ausgeschlagenen Zylinderbohrung. Dies kann nur mit einer aufwändigen Kompressionsprüfung festgestellt werden, was wahrscheinlich den Rahmen einer einstündigen Untersuchung sprengt.

Ein später V8-Motor.

Schwarzer Qualm aus dem Auspuff kann durch zu viel Sprit verursacht werden. Weißer oder blauer Qualm wird meistens von Öl verursacht. Motoren dieser Epoche aus dem Hause Mercedes-Benz sind bekannt für verschlissene Ventilführungen und -dichtungen. So kann Öl in den Verbrennungsraum gelangen und den Rauch verursachen. In extremen Fällen kann sogar die Zündkerze feucht sein und Fehlzündungen sind die Folge. Liegen entsprechende Verdachtsmomente vor, empfiehlt es sich, eine Zündkerze zu entfernen und ihren Zustand zu überprüfen. Das Ölfahnen-Problem kann in verschiedenen Situationen auftreten: bei warmen Motor, und wenn er nach einer langen Standzeit wieder gestartet wird, beim Runterschalten bzw. Beschleunigen auf der Autobahn, oder wenn der Motor nach einer 10- bis 15-minütigen Unterbrechung wieder angelassen wird. Diese Situationen sollten sich bei einer einstündigen Überprüfung simulieren lassen. Wenn sich der Qualm nur bei der letztgenannten Möglichkeit bemerkbar macht, könnte es reichen, die Ventildichtungen (Ölabstreifringe) auszutauschen, was ohne Abnehmen des Zylinderkopfes möglich ist. Schäden an der Ventilführung lassen sich nur im Rahmen einer kompletten Kopf-Überholung beheben.
Bei entsprechender Wartung erreichen die Motoren eine sehr hohe Laufleistung. Die ersten Exem-

plare (350 und 450) haben zwar eine etwas niedrigere Lebenserwartung, aber wie alle Mercedes-Sechszylinder können sie einfach überholt und instandgesetzt werden. Das gilt allerdings nicht für die zuletzt gebauten V8-Aggregate, bei denen sich eine Revision aufgrund der Aluminiummotorblöcke aufwändiger gestaltet.

++	+	–	o
4	3	2	1

Bleifrei-Umbauten

Die Abschaffung von verbleitem Sprit löste damals in der Oldtimerszene einige Verwirrung aus – vor allem bei den Freunden des dreizackigen Sterns. Bei Mercedes-Benz existieren natürlich genaue Aufzeichnungen, welche Motoren für unverbleiten Kraftstoff geeignet sind. Nur die später gebauten W 107 fallen in diese Kategorie: 280 SL von Motornummer 110.990.003638 (manuell) und 1110.990.008981 (Automatik), 380 SL von Motornummer 116.962.000021 (nur Automatik), 500 SL von Motornummer 117.962.002921 (nur Automatik) und alle Modelle, deren Motornummern mit 117.964 beginnt. Alle 300 SL, 420 SL und 560 SL waren so ausgerüstet.

Für alle anderen Triebwerke des W 107 lautete der damalige Rat an die Besitzern, sich um einen Zusatz (Additiv) zu bemühen, der dem Sprit beigemischt wurde. Daher muss man überprüfen, ob der Zündzeitpunkt eingestellt werden muss, um den Motor am Klingeln zu hindern. Im Alltagsbetrieb erreicht ein SL oder SLC allerdings nicht jene Laufleistung, bei der sich ein Problem mit den Ventilsitzen einstellen könnte. Bei einer fälligen Motorüberholung liegt meist eine andere Ursache als Ventilschäden vor. Doch bei einer anstehenden Revision empfiehlt sich der Einbau gehärteter Ventilsitze, was nur unwesentliche Zusatzkosten verursacht.

Einige renommierte Spezialbetriebe wissen sogar zu berichten, dass die vom Werk gelieferten Austauschelemente aus demselben Material bestanden wie die ursprünglichen Ventilsitze.

++	+	–	o
4	3	2	1

Motorundichtigkeiten

Ein gut gepflegter SL- oder SLC-Motor sollte sauber sein und keine Undichtigkeiten aufweisen. Liegen Hinweise auf Öl- oder Kühlflüssigkeitslecks vor, muss man weitere Untersuchungen veranlassen. Als Grund kommt eine lose Schelle oder ein undichter Schlauch in Frage, doch die Ursache kann auch gravierender sein.

++	+	–	o
4	3	2	1

Motorhalterungen

Die Motorhalterungen geben mit zunehmendem Alter nach, was aber nicht auf Anhieb ins Auge fällt. Wenn der Wagen jedoch besonders laut ist oder beim Fahren unter merklichen Vibrationen leidet, kommen als Verursacher für diesen Zustand die Halterungen in Betracht. Sind sie besonders stark ausgeschlagen, kann durch ihren Austausch ein ganz neues Fahrgefühl aufkommen.

++	+	–	o
4	3	2	1

Benzinsystem

Die Einspritzanlage der ersten W 107 war die erste von Mercedes eingesetzte elektronische Einspritzung. Die Bosch D-Jetronic wurde von Mercedes-Benz als „EFIS" (Electronic Fuel-Injection-System) bezeichnet und setzt pro Zylinder lediglich jeweils einen Injektor ein, der an einen Gleichdruckkreislauf angeschlossen ist. Der Benzindruck wird durch eine im Heck des Wagens montierte Pumpe erzeugt, wobei das nicht benötigte Benzin wieder zurück in den Tank fließt. Ein Druckregler ist vorhanden, sodass der Druck konstant zwischen 1,8 und 2,2 bar liegen sollte. Die Spritmenge – und damit auch die Zusammensetzung des Gemisches –, die von den Einspritzventilen geliefert wird, wird durch die Dauer ihrer Öffnung geregelt. Der Sprit wird zur Einspritzöffnung transportiert, allerdings nicht synchron mit der Ventilöffnung oder der Zündfolge. Kontrolliert wird das ganze durch eine Electronic Control Unit (ECU), die mit zwei Funktionen ausgestattet ist. Sie kontrolliert die Öffnungs-

zeit des Injektors und die liefert den Masseanschluss für das Relais der Benzinpumpe.
Die ECU ermittelt die korrekte Gemischzusammensetzung (also die Öffnungszeit des Einspritzventils), indem sie folgende Parameter abfragt: die Motordrehzahl, die Stellung der Drosselklappe über einen Schalter im Ansaugventuri (was gleichzeitig zur Anreicherung des Gemisches beim Beschleunigen dient), die Motorlast über einen Unterdruckfühler im Ansaugrohr, die Motortemperatur über einen Sensor am Thermostat und die Lufttemperatur über einen Sensor am Einlass des Luftfilters.
Wenn man die Zündung einschaltet, sollte man die Benzinpumpe einige Sekunden lang laufen hören. Während ein Helfer das Gaspedal betätigt, sollte man bei laufendem Motor das Klicken der Einspritzventile hören, wenn man nahe genug herangeht. Dieser Test zeigt, ob das System funktioniert. Defekte an der Pumpe kommen vor, sind aber selten. Läuft die Pumpe nicht, wenn die Zündung eingeschaltet ist, muss man ihre Stromversorgung an den Anschlüssen überprüfen. Kommt kein Strom an, empfiehlt sich eine Überprüfung der entsprechenden Sicherung und/oder des Relais. Die ECU verfügt über eine sehr anfällige Masseverbindung. Bei einem derartigen Defekt, muss man das System überbrücken, um die Pumpe ans Arbeiten zu bekommen. Möglicherweise muss auch die ganze ECU ausgetauscht werden. Es sei denn, man findet ein Elektroniktalent, das sie auseinandernehmen und reparieren kann. Als Grund für ein Versagen der Pumpe kommt auch die Verbundung des Pluspols an der Batterie infrage. Die Einspritzung hat eine Verbindung zur Batterie mit einem eigenen Sechs-Millimeter-Anschluss, der sich lösen und einen Ausfall verursachen kann.

Die Benzinpumpe ist nur unzureichend geschützt montiert, Gehäuse und Schläuche können im Laufe der Zeit verrotten.

Bei diesem ziemlich komplexen System gibt es eine ganze Reihe von Fehlerbildern (Zündaussetzer, unruhiger Leerlauf, übermäßiger Verbrauch usw.), doch bevor man das ganze Einspritzsystem verteufelt, sollte man sicherstellen, dass das Problem nicht von der Zündung verursacht wurde. Wenn man sicher ist, kontrolliert man zunächst den Benzindruck. Der kann über die Benzindruck-Regelung eingestellt werden. Dafür löst man die 13-Millimeter-Kontermutter und dreht den 6-mm-Bolzen im Uhrzeigersinn, um den Druck zu erhöhen. Wenn der Druck sich nicht auf 1,8 bis 2,2 bar verringern lässt, ist eine mögliche Ursache ein verstopftes Entlüftungsrohr am Tank, das unter Umständen durch einen falsch angesetzten Wagenheber beschädigt wurde.
V8-Motoren mit dieser Einspritzung sind auch anfällig für Undichtigkeiten an der Verbindung zwischen Zylinderkopf und Ansaugkrümmer. Ein zu fettes Gemisch im Leerlauf und unregelmäßige Motorreaktionen auf die Drosselklappenstellung können durch ein Versagen des Lastsensors verursacht werden. Läuft der Wagen scheinbar mit einem zu fetten Gemisch, dann könnte das an einem defekten Lufttemperatursensor liegen. Wenn man hier die Verbindung im Leerlauf trennt, sollte dies einen hörbaren Unterschied zur Folge haben. Wenn nicht, ist der Sensor offensichtlich defekt, obwohl der Motor weiterläuft.
Ist das Gemisch so angereichert, dass der Motor seinen Dienst einstellt, hat wahrscheinlich der Wassertemperatursensor den Geist aufgegeben. Indem man die Kontakte überbrückt, hält man den Motor zwar am Laufen, doch wird er vor allem im kalten Zustand nicht rundlaufen.
Ist das Gemisch lediglich im Leerlauf zu mager oder zu fett, kann es durch einen Dreh an dem Plastikschalter der ECU eingestellt werden – doch wird dies die Einstellungen nicht mehr als einen Tick verändern.

Die Zündgeber im Verteiler können eine Vielzahl von Problemen verursachen. Jeder ist für die Befeuerung von zwei Injektoren verantwortlich und sie sind sehr anfällig für Verschmutzungen, was wiederum sehr temperaturabhängig ist. Wenn der Motor unter Zündaussetzern leidet, vor allem, wenn der Motorraum heiß ist, dann gehören diese Gerätschaften in den Kreis der Verdächtigen.
Ab 1976 wurde die Bosch K-Jetronic eingeführt. Diese Einspritzanlage hat sich als äußerst zuverlässig und langlebig erwiesen. Auch hier können natürlich Probleme auftreten, doch liegen die Ursachen für schlechtes Startverhalten oder Probleme während der Fahrt meistens im Bereich der Hochspannungskabel, der Verteilerkappe oder Zündgeber. Ein Detail wird bei Servicearbeiten gerne übersehen: der Austausch des Filters in der Nähe der Pumpe vor dem Benzintank. Der Zustand der Benzinleitung in diesem Bereich sollte ebenfalls überprüft werden.

++	+	–	o
4	3	2	1

Lenkung

Mercedes-Benz verwendete die Kugelumlauflenkung noch lange weiter, als andere Hersteller bereits zur moderneren Zahnstangenlenkung gewechselt hatten. Eine gut gewartete Mercedes-Lenkung sollte aber perfekt funktionieren. Sie muss natürlich regelmäßig gewartet und bei Bedarf eingestellt werden, was besonders bei den V8-Versionen schwierig ist. Wird regelmäßige Wartung vernachlässigt, kann sich ein beachtliches Spiel entwickeln, das unter Umständen einen vollständigen Austausch der Lenkung notwendig macht.
Falls an der Lenkung gearbeitet wurde, muss man unter allen Umständen auf Originalteile von Mercedes bestehen oder aber auf eine Lenkung, die mit Originalteilen überarbeitet wurde.
Die ersten Wagen (bis 1976) hatten als größeres Defizit eine Schwäche in den vorderen Trägern, was zu einem Kollabieren der Lenkung führen konnte. Die überlebenden Exemplare wurden wahrscheinlich in der Zwischenzeit repariert und in diesem Bereich verstärkt. Dennoch ist es wichtig zu kontrollieren, ob diese Arbeiten sauber ausgeführt wurden und der Rostschutz noch vorhanden ist.

Lenkgehäuse können sich bei den ersten Modellen vom Querträger lösen. Auf jeden Fall muss die Lenkung hin und wieder eingestellt werden, was leider mangels einfacher Zugänglichkeit oft vernachlässigt wird.

Die Kugelgelenke sind sehr langlebig, doch wenn die Lenkung einen schwammigen Eindruck hinterlässt, sollten sie auf Verschleiß untersucht und bei Bedarf ausgetauscht werden.
Die Funktionsweise des hydraulischen Lenkungsdämpfers lässt sich kontrollieren, indem man ein Ende löst und ihn auseinanderzieht und zusammendrückt. Der Widerstand sollte auf einem konstanten Niveau bleiben. Gibt es keinen Widerstand, muss er erneuert werden.
Verschlissene Gelenke und Buchsen sowie die vorderen und hinteren Gummilagerungen können schlechte Lenkeigenschaften verursachen. Sie hätten allerdings bei einer regelmäßigen Wartung entdeckt und ausgetauscht werden müssen.
Zieht der Wagen nach rechts oder links, obwohl alle diese Teile einen vernünftigen Eindruck machen, dann hat sich vermutlich die Fahrwerksgeometrie verstellt. Spur, Sturz, Nachlauf und Lenkrollradius lassen sich justieren. Doch ist es durchaus möglich, dass auch Werkstätten mit modernster Einrichtung, nicht über das Wissen oder Referenzmaterial verfügen, um diese Einstellungen korrekt vorzunehmen. Wahrscheinlich haben Sie nicht bemerkt, dass beim W 107 alle Originalräder von Mercedes-Benz fünf kleine Löcher nahe der Radmitte (jeweils zwischen den Radbolzen) aufweisen, die dazu dienen, die vom Werk empfohlenen Messgeräte zu

fixieren. Im Gegensatz zu Systemen, die sich auf den Felgenrändern abstützen, schließt dieses System Ungenauigkeiten weitgehend aus.
Wenn nun aber alle Einstellungen korrekt sind, der Wagen sich aber noch immer nicht so lenken lässt, wie es sein sollte, könnte ein schlecht reparierter Unfallschaden dafür verantwortlich sein. Doch das weiß allein der Besitzer ...

Bremsen

++ + – o
4 3 2 1

Alle W 107 rollten mit vier Scheibenbremsen zu den Kunden, wobei die vorderen Exemplare innenbelüftet waren. Zweikreissystem und Servounterstützung waren selbstverständlich.
Bei den teilweise über 30 Jahre alten SL- und SLC-Exemplaren sind alte und verschlissene Bremsleitungen und -schläuche ein weit verbreitetes Problem. Im Laufe der Jahre korrodieren sie von innen und begrenzen den Durchfluss oder das Schlauchmaterial wird porös und brüchig. Eine ungleich ziehende Bremse oder gar ein undichtes System sind die Folgen. Die Lösung des Problems besteht in einem Austausch der Schläuche und Leitungen (spätestens alle 10 Jahre) sowie regelmäßigem Erneuern der Bremsflüssigkeit (alle zwei Jahre). Auch hier hilft ein Blick in die Serviceunterlagen.
Weil die meisten W 107 Automatikgetriebe besitzen, leidet die Handbremse unter Vernachlässigung, was häufig erst vom TÜV entdeckt wird. Eine gute Reinigung und Instandsetzung kann hier Wunder wirken.

Die Lager des Stabilisators in der hinteren Aufhängung können bei hohen Laufleistungen verschleißen.

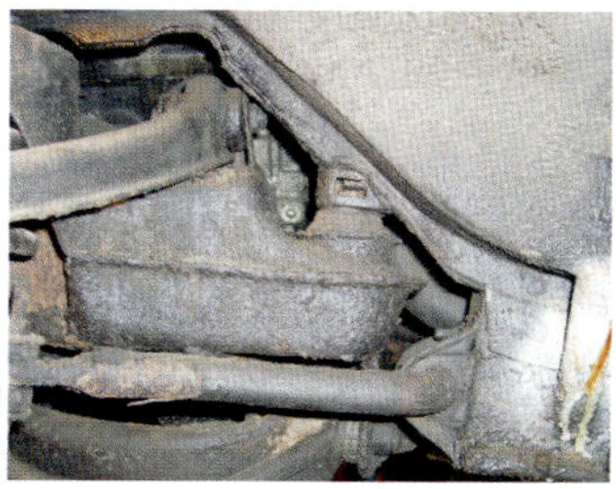

Die Gummilager des Hilfsrahmens können im Laufe der Zeit zerbröseln. Dieses Foto zeigt die Frontpartie.

Fahrwerk

++ + – o
4 3 2 1

Alle Modelle besitzen vorn Doppelquerlenker mit Schraubenfedern und hinten Einzelradaufhängung mit Dreiecksschwingen und Schraubenfedern. Vorn und hinten arbeiten Querstabilisatoren und Teleskopdämpfer.
Die Fahrwerksteile haben sich als sehr zuverlässig erwiesen, doch im Laufe der Jahre muss das eine oder andere Gelenk sowie Buchsen ausgetauscht werden. Dies sollte bei einer genaueren Inaugenscheinnahme kontrolliert werden. Wie bei jedem Fahrzeug beeinflussen auch bei diesen Modellen ausgeschlagene Stoßdämpfer das Fahrverhalten negativ. Die Stoßdämpfer sollten wie schon in der Erstausrüstung von Bilstein oder Sachs stammen. Selbst Koni-Dämpfer hinterlassen bei diesen Wagen keinen allzu guten Eindruck.

Getriebe

++ + – o
4 3 2 1

Manuelle Schaltgetriebe gehörten bei den Modellen 350 SL und SLC (Viergang) sowie beim 280 SL und SLC (Vier- und Fünfgang) zur Serienausstattung. Doch so gut wie alle Kunden wählten die verschiedenen Automatikversionen. Sollten Sie ein Exemplar mit Schaltgetriebe in die engere Wahl ziehen, muss sich das Getriebe einwandfrei durchschalten lassen. Die manuellen Getriebe gerieten ein wenig in Verruf, da ein umständliches Schaltgestänge für mangelnde Präzision beim Gangwechsel sorgte.

Die hydraulische Viergangautomatik der ersten 350 SL und SLC hatte aber ohne jeden Zweifel auch ihre Probleme. Der Erste Gang und das B2-Bremsenband waren sehr anfällig, sodass die Funktionstüchtigkeit genau untersucht werden sollte.
Mitte 1972 spendierte Mercedes der Baureihe ein Dreigangautomatikgetriebe mit Drehmomentwandler und später die „schaltbare" Viergang-Variante. Sie wurde für viele Jahre das Standardangebot von Mercedes, wobei die elektronische Steuerung mit dem Motormanagement zusammenarbeitet. Die Schaltfunktion – kontrolliert von einem entsprechenden Schalter auf der Mittelkonsole – bietet dem Fahrer unterschiedliche Schaltpunkte: „E" beschleunigte den Wagen in „2" und schaltete aus wirtschaftlichen Gründen bei relativ geringen Motordrehzahlen. Bei „S" legte der Wagen in „1" los und wechselte erst bei höheren Drehzahlen in den nächsten Gang.
Alle W 107 benötigen eine ungefähr zwei Sekunden lange Pause, um von „D" in den Rückwärtsgang zu schalten.
Falls man auf einen W 107 trifft der sich weigert rückwärts zu fahren, ist das Problem weniger gravierend als man denkt. Der Grund ist ein kleiner lockerer Niet, der hinter dem Kickdown-Schalter sitzt und der einfach nur wieder befestigt werden muss. Dann ist alles wieder in Ordnung.

++	+	–	o
4	3	2	1

Hinterachse und Aufhängung

Nach Jahren mit der hinteren Pendelachse, die noch im Vorgänger des W 107, der „Pagode" eingebaut wurde, entwickelten die Mercedes-Ingenieure eine neue Längslenkerachse, die zuerst bei den Limousinen zum Einsatz kam. Außer den Verschleißteilen wie Aufhängungsbuchsen und den Gummilagerungen des Hilfsrahmens zeigt dieses System nur wenige Schwächen.

Probefahrt

++	+	–	o
4	3	2	1

Kaltstart

Der Motor sollte auf Anhieb anspringen und eine Leerlaufdrehzahl von 750/min halten, sobald die Betriebstemperatur erreicht ist.

++	+	–	o
4	3	2	1

Kupplung

Bei einem manuell geschalteten W 107 sollte sich die Kupplung leicht und ohne Vibrationen bedienen lassen.

++	+	–	o
4	3	2	1

Manuelle Schaltung

Die Gangwechsel sollten relativ präzise und ohne Spiel erfolgen und die Synchronisation sollte fehlerfrei funktionieren.

++	+	–	o
4	3	2	1

Automatikgetriebe

Sobald die Schaltung in der Stellung Drive steht, sollte sich der Wagen langsam nach vorne bewegen, solange die Bremse nicht betätigt wird. Bei der hydraulischen Dreigangautomatik im 350 SL und SLC ist mehr Geräuschentwicklung als bei modernen Modellen zu erwarten und ein leichtes Ruckeln bei Gangwechseln ist durchaus normal. Die späteren Exemplare arbeiten sanfter, vor allem die „schaltbaren" Einheiten in den zuletzt gebauten Wagen. Manuelle Gangwechsel sollten prompt einsetzen und zusätzliche Bremskraft beim Verzögern oder vor einer Kurve bieten.

++	+	–	o
4	3	2	1

Lenkgefühl

Ein gut erhaltener W 107 lässt sich leicht lenken, Servolenkung gehörte zur Serienausstattung. Die ersten Exemplare (350 und 450) hatten eine weniger präzise Lenkung als die später gebauten Wagen.

++	+	–	o

Bremsen
4 3 2 1

Die Bremsen an einem W 107 müssen kraftvoll zupacken und das Bremspedal sollte sich „hart anfühlen". Bei der Testfahrt sollte der Wagen beim Bremsen die Spur halten, einseitiges Ziehen deutet auf ein Problem hin. Ab 1980 gab es ABS als Extra (ab 1986 serienmäßig), sodass man die entsprechenden Warnlampen überprüfen und, falls der Verkäufer zustimmt, die Funktionsweise auf der Straße testen sollte.

++ + – o

Geräusche
4 3 2 1

Die ersten Exemplare, und das gilt vor allem für 350 und 450, waren ohne jeden Zweifel lauter als die später entstandenen Versionen. Klappergeräusche sind hier nicht ungewöhnlich. Als die letzten Versionen – 300, 420, 500 und 560 – gebaut wurden, hatte die Qualität einen wesentlich höheren Standard erreicht. Diese Wagen sollten so leise und angenehm wie moderne Automobile sein.

++ + – o

Leistung
4 3 2 1

Unabhängig von ihren Defiziten bieten die ersten W 107 (350 und 450) Leistung satt, wenn ihre Motoren gut gepflegt sind. Einmal auf Drehzahl gebracht ist auch der 280 ziemlich lebhaft. Der 300 SL sollte sanft laufen und eine starke Leistungsentfaltung aufweisen. Die späteren V8 bieten ein sehr gutes Leistungsgewicht und Drehmoment ohne Ende. Alle W 107 sollten die 100-km/h-Marke nach weniger als zehn Sekunden erreichen. Die mächtigen V8 schaffen das auch in sieben Sekunden. Die Höchstgeschwindigkeit liegt zwischen runden 200 km/h bei den ersten V8 und den Sechszylindern und 225 bei den zuletzt angebotenen Achtzylindern.

++ + – o

Öldruck
4 3 2 1

Der Öldruckanzeiger erreicht im Idealfall direkt nach dem Starten das Maximum bei Exemplaren mit geringen Laufleistungen oder gerade überholten Motoren. Bei „gereiften Exemplaren" wird der Zeiger bei Betriebstemperatur ein wenig zurückgehen, doch die Nadel sollte ihren alten Platz wieder einnehmen, wenn die Drosselklappe wieder geöffnet wird.

++ + – o

Wassertemperatur
4 3 2 1

Kurz nach dem Anlassen muss die Temperaturanzeige erste Lebenszeichen zeigen und nach einigen Kilometern 80 °C erreichen. Im Verkehr kann sie leicht ansteigen, doch dann wieder fallen, wenn der Visko-Lüfter einsetzt oder eine freie Landstraße befahren wird.

++ + – o

Pedalerie
4 3 2 1

Die Pedale sollten sich solide anfühlen, doch ist der Raum um die Pedale bei den zuletzt gebauten Versionen eingeschränkt.

++ + – o

Bedienschalter
4 3 2 1

Auch die Schalter sollten das gewisse Etwas der Mercedes-Qualität vermitteln. Allerdings waren die Schalter bei den ersten Exemplaren nichts so solide wie bei den später angebotenen Modellen. Kontrollieren Sie jeden Schalter auf seine Funktionstüchtigkeit. Untersuchen Sie, ob die Heizungs- und Lüftungshebel intakt sind.

In den vorderen Chassisträgern sitzen Kunststoff-Stopfen.

Werden sie entfernt, kann angesammeltes Wasser ablaufen.

Überzeugen Sie sich, dass die Auspuffanlage vollständig ist. Hier handelt es sich mit Sicherheit nicht um die Originalausrüstung. Es fehlt der zentrale Schalldämpfer.

Auf der Hebebühne

++ + – o
4 3 2 1

Die meisten Werkstätten werden den Wagen gegen eine geringe Gebühr auf eine freie Hebebühne lassen. Am besten vereinbart man allerdings einen Termin mit einem Sachverständigen, der in der betreffenden Werkstatt ohnehin TÜV-Prüfungen durchführt.

Rahmen

++ + – o
4 3 2 1

Untersuchen Sie die vorderen und hinteren Längsträger auf Rost: Fahnden Sie nach bescheiden ausgeführten Reparaturen und nach großzügig aufgetragenem Rostschutz, der Probleme kaschieren soll. Im vorderen Teil des Chassisrahmens sammelt sich gern Wasser. Wenn der Verkäufer keine Einwände hat, sollte man die Kunststoffverkleidungen entfernen, um dies festzustellen.

Schweller

++ + – o
4 3 2 1

Sie sind rostanfällig, und falls sie repariert wurden, muss man überprüfen, ob die Arbeiten sauber ausgeführt wurden.

Auspuff

++ + – o
4 3 2 1

Originalexemplare sind noch immer lieferbar, doch bei vielen Wagen wurden inzwischen Anlagen aus rostfreiem Stahl nachgerüstet. Untersuchen Sie den Zustand der Originalanlagen und die Passungen bei den Nachrüstteilen. Die eingesetzten Systeme sind sehr kompliziert und teuer – vor allem bei den V8. Die hinteren Töpfe sind häufig an der Verbindung zum Schalldämpfer korrodiert.

Die zuletzt gebauten 300 SL und 500 SL besaßen Katalysatoren, was den Austausch deutlich verteuert. Im Allgemeinen hängt die Lebensdauer davon ab, wie der Wagen eingesetzt wurde. Allerdings kann man nur den äußeren Zustand kontrollieren, ansonsten muss man auf die ASU-Plakette vertrauen.

Benzin- und Bremsleitungen

++ + – o
4 3 2 1

Überprüfen Sie die Leitungen auf Zeichen von Rost, Beschädigungen oder schlechten Zustand. Vor allem die flexiblen Benzinschläuche an der Benzinpumpe vor dem Tank sind eine genaue Betrachtung wert.

Regelmäßige Wartung

++ + – o
4 3 2 1

Überprüfen Sie die Unterseite der Kotflügel auf regelmäßiges Säubern und Rostschutz.

++	+	–	o
4	3	2	1

Leckagen

Verlieren die wichtigsten Komponenten (Motor, Getriebe, Hinterachse, Lenkung, Kühler, Stoßdämpfer etc.) Flüssigkeit?

Auswertung

Addieren Sie nun alle Punkte: **216 (220 bei Handschaltung) = Exzellent; 161 (165 bei Handschaltung) = Gut; 106 (110 bei Handschaltung) = Durchschnitt; 51 (55 bei Handschaltung) = Ungenügend.** Fahrzeuge mit mehr als 161 Punkten sind alltagstauglich und benötigen lediglich die übliche Wartung, um sie in diesem Zustand zu halten. Bei einem Ergebnis zwischen 51 und 110 ist wahrscheinlich eine vollständige Restaurierung fällig. Bei einem Ergebnis zwischen 111 und 160 Punkten ist eine genaue Analyse der notwendigen Reparaturen erforderlich.

Ab 1985 gab es endlich wieder einen SL mit der traditionsreichen Bezeichnung 300.
Für den Antrieb sorgte der 188 PS starke 3-Liter-Sechszylinder M 103.

10 Auktionen – ein anderer Weg zum Traumwagen

Pro und Kontra

Pro: Die Preise sind im Allgemeinen niedriger als bei Händlern oder privaten Verkäufern und man kann möglicherweise ein echtes Schnäppchen machen. Professionelle Versteigerer haben zumeist alle Formalitäten mit dem Verkäufer erledigt.
Kontra: Man muss allein der Beschreibung im Katalog vertrauen. Die Möglichkeiten zur Überprüfung sind begrenzt und eine Probefahrt ist nicht möglich. Auktionsmodelle sind oft in einem unterdurchschnittlichen Zustand und verlangen nach zusätzlichen Reparaturen.

Welche Auktion?

Die Veranstaltungen der etablierten Auktionshäuser werden in Automobilmagazinen oder auf den Internetseiten der Unternehmen angekündigt. Der Katalog oder eine einfache Aufstellung der zum Aufruf kommenden Modelle ist erst kurz vor der Auktion erhältlich. Allerdings veröffentlichen die Unternehmen ihre Angebote auch schon früher auf ihren Internetseiten. Nehmen Sie Kontakt mit dem Auktionshaus auf, um die Ausrufpreise zu erfahren. Details der bereits gelaufenen Auktionen sind zumeist im Netz zu erfahren und ein guter Indikator.

Katalog, Eintrittsgelder und Zahlungsmodalitäten

Der Katalog fungiert oftmals auch als Eintrittskarte für zwei Personen während der Besichtigungstage und für die Auktion selbst. Die Angaben in den Katalogen sind zumeist kurz und knapp, enthalten aber in der Regel Angaben über die Zahl der Besitzer, den Kilometerstand und die Wartungsgeschichte des Wagens. Der angegebene Ausrufpreis gibt eine erste Andeutung, in welchen Kategorien man sich bewegt, und gleichzeitig werden im Katalog auch die verschiedenen Zahlungsformen sowie das verlangte Aufgeld angegeben. Zumeist verlangt der Auktionator Barzahlung, es sind aber auch andere Modalitäten wie Zahlung mit Kreditkarte oder mittels eines von der Bank bestätigten Schecks möglich. Kein Fahrzeug wird herausgegeben, bevor nicht alle Zahlungsmodalitäten geklärt sind. Bei Verzögerungen kann der Auktionator Lagergebühren verlangen.

Aufgeld

Bei der Kalkulation darf man unter keinen Umständen das Aufgeld vergessen. Daneben können noch andere Steuern fällig werden.

Besichtigung

Bei den meisten Auktionen ist vorab eine Besichtigung der Wagen möglich. Hilfskräfte des Auktionators sind dabei durchaus bereit, die Motor- oder Kofferraumhaube zu öffnen und sie werden es auch zulassen, dass man den Innenraum besichtigt. Der Motor kann zwar gestartet werden, eine Probefahrt aber ist absolut ausgeschlossen. Man darf den Wagen auch von unten überprüfen, aber mit Sicherheit wird man die Bitte, den Wagen auf eine Bühne zu stellen, ablehnen. Man kann allerdings die wichtigsten Dokumente einsehen.

Bieten

Bevor man sich an einer Auktion beteiligt, sollte man sich unbedingt über sein persönliches Höchstgebot im Klaren sein und – auch wenn es mitunter schwer fallen mag – dabei bleiben.
Bis das begehrte Auto ausgerufen ist, vergeht meistens einige Zeit, die man nutzen kann, um die anderen Bieter zu beobachten. Ist der anvisierte Wagen an der Reihe, sollte man die Aufmerksamkeit des Auktionators auf sich ziehen indem man ein frühes Gebot abgibt. Der Auktionator wird dann immer zu Ihnen blicken, um eine Reaktion auf ein Gebot zu bekommen. Zumeist wird in genau definierten Schritten gesteigert, was sich erst ändern kann, wenn die Gebote langsamer kommen. Dann werden auch kleinere Schritte akzeptiert. Wenn man sich aus dem Gebotgefecht verabschieden will, sollte man dies dem Auktionator unmissverständlich signalisieren – ein deutliches Kopfschütteln sollte reichen.
Bei einem erfolgreichen Gebot notiert sich der Auktionator die Nummer Ihrer Karte, und von nun an sind Sie für den Wagen verantwortlich.
Wird der Wagen nicht verkauft, weil er schlicht kein ausreichendes Interesse fand oder unter dem Ausrufpreis blieb, gibt es immer noch die Möglichkeit, mit dem Besitzer – unter Vermittlung des Auktionators – direkt zu verhandeln.

Erfolgreiches Gebot

Bereits im Vorfeld sollte man sich für diesen Fall ein paar Gedanken gemacht haben. Wie wird der Wagen nach Hause transportiert und welche Versicherung wird dafür benötigt? Die Versicherungsfrage sollte man auf jeden Fall bereits vor der Auktion geklärt haben. Ist der Wagen nicht fahrbereit: Kann man ihn auf einem Anhänger transportieren oder muss man die Aufgabe an ein qualifiziertes Unternehmen delegieren? Das Auktionshaus verfügt zudem ebenfalls über entsprechende Adressen.

eBay und andere Internet-Auktionen

Bei eBay und anderen Internet-Auktionshäusern kann man durchaus für einen günstigen Preis an seinen Traum-Klassiker kommen, doch sollte man nicht auf eine gründliche Untersuchung des Wagens vor Ort verzichten. Die meisten Anbieter ermutigen die Interessenten sogar ausdrücklich dazu. Bei eBay wird stets der Standort des Wagens genannt, sodass man sich ein Angebot in erreichbarer Nähe aussuchen kann. Seien Sie darauf vorbereitet, in letzter Minute überboten zu werden. Sie sollten sich darüber im Klaren sein, dass Ihr Gebot bindend ist, es aber andererseits sehr schwer ist, einen betrügerischen Anbieter vor Gericht zur Rechenschaft zu ziehen. Immer wieder kommt es auch zum Verkauf von „Geisterwagen". Daher sollte man sicherstellen, dass der in Frage kommende Wagen tatsächlich existiert und sich nicht voreilig von seinem Geld trennen.

11 Papiere für eine vollständige Dokumentation

Klassische Automobile oder Sammlerautos werden im Allgemeinen von umfangreichen Papieren begleitet, die beim Verkauf weitergereicht werden. Mittels dieser Dokumentation lässt sich die exakte Geschichte des Wagens nachvollziehen und außerdem wird so der Umfang von Pflege, Wartungs- und Restaurierungsarbeiten deutlich. Für den neuen Besitzer sind derartige Dokumente außerordentlich wertvoll und wenn der Verkäufer diese nicht vorweisen kann, sollte man als Interessent misstrauisch werden.

Zulassung

Alle Länder verfügen über ein Registrierungssystem für Automobile – wie dem so genannten „Pink Slip" in den USA oder dem Kraftfahrzeugbrief in Deutschland.
Dabei ist es wichtig, dass die Unterlagen im Original vorliegen und vollständig sind, dass sie sich auf den in Frage kommenden Wagen beziehen und dass alle Details wie Motor- und Fahrgestellnummer korrekt angegeben sind. Alle früheren Besitzer sind ausschließlich im Kraftfahrzeugbrief aufgeführt. Daher sollte man sich nicht mit dem Kfz-Schein begnügen, in dem ja nur der aktuelle Besitzer angegeben ist.
Vergleichen Sie alle Angaben im Brief mit dem Typenschild, das im Fahrzeug montiert ist. Besitzt der Wagen eine ausländische Zulassung, sollte man sich vorab bei den entsprechenden Stellen wie dem Zoll informieren, welche Formalitäten bei der Einführung des Wagens zu erledigen sind.

TÜV

Auch Oldtimer können dem TÜV nicht entgehen. Bei dem Besichtigungstermin spielen daher die letzten TÜV-Berichte eine entscheidende Rolle bei der Beurteilung des Objektes der Begierde. Also sollte man sich diese Unterlagen unbedingt zeigen lassen und bei Bedarf darauf bestehen, dass die von den Prüfern verlangten Reparaturen durch entsprechende Rechnungen dokumentiert werden. Auch wenn der Wagen nicht mehr zugelassen ist, sollte man nicht darauf verzichten. So offenbaren sich mitunter schon vor der ersten genaueren Besichtigung mögliche gravierende Schwachpunkte. Sind diese Unterlagen nicht vorhanden, ist es durchaus möglich, dass der Verkäufer etwas zu verbergen hat.

Zulassung

Ist das Fahrzeug noch zugelassen, ist eine Ummeldung relativ unproblematisch. Wer viel Zeit, Geduld und Lust auf Bürokratie hat, kann selbst zum Straßenverkehrsamt fahren und dort seinen Wagen ummelden. Dazu benötigt man Kraftfahrzeugbrief, -schein, Personalausweis und Bargeld für die fälligen Gebühren und die neuen Kennzeichen. Hat man sich die Kennzeichen besorgt und montiert, steht der weiteren Fahrt nichts mehr im Weg.
Besitzt der Wagen keine Zulassung mehr, interessiert sich zunächst der TÜV für das Fahrzeug. Je nach Herkunft und Dauer der Abmeldung kann der TÜV auf einer Einzelabnahme bestehen, für die eine ausführliche technische Dokumentation notwendig ist. Ist diese Hürde genommen, begibt man sich zur Zulassungsstelle. Wenn man Zeit sparen will, kann man auch entsprechende Dienstleister in Anspruch nehmen, die gegen eine Gebühr die Zulassung organisieren.

Originalzustand

Ist der Wagen älter als 30 Jahre, kann er das so genannte H-Kennzeichen bekommen. Dafür verlangt der Gesetzgeber aber, dass sich das Modell im Originalzustand befindet. Nur dann wird das begehrte Kennzeichen, mit dem sich Steuer und Versicherungsgebühren sparen lassen, montiert. Für nähere Informationen zu diesem Thema ist bei den TÜV-Stationen der „Anforderungskatalog für die Begutachtung von Oldtimern gem. § 21c StVZO" erhältlich, in dem man alle Details nachlesen kann.
Hat der Wagen allerdings bereits an internationalen Veranstaltungen teilgenommen, besitzt er möglicherweise sogar eine Bescheinigung der Fédération Internationale des Véhicules Ancienes. Dieser FIVA-Pass ist ein Ausweis über die Originalität des Modells und sollte auch bundesdeutsche Zulassungsstellen überzeugen.

Bewertung

Vermutlich hat der Verkäufer ein Wertgutachten von einer anerkannten Organisation wie DEKRA oder DAT anfertigen lassen, aus dem der Wert des Modells hervorgeht. Im Allgemeinen stellen solche Dokumente allerdings lediglich eine unverbindliche Richtgröße für den tatsächlichen Preis dar.

Servicehistorie

Häufig werden diese Wagen von ihren (hoffentlich fähigen) Besitzern selbst gewartet. Trotzdem sollte man so viele Details der Service-Historie wie möglich in Erfahrung bringen. Dabei kommt den Bescheinigungen und Rechnungen von Markenhändlern oder Fachbetrieben eine ganz besondere Bedeutung zu. Tatsächlich sind alle Papiere bei der Dokumentation wichtig: Vom ersten Kaufvertrag bis zum Wartungsheft bekommt man so Antworten auf wichtige Fragen zu der Geschichte des Fahrzeugs. Besonders ein Katalog des Modells aus dem entsprechenden Baujahr ist eine wichtige Informationsquelle und sollte, falls nicht bereits vorhanden, so schnell wie möglich erworben werden. Die Behauptung des Besitzers, dass der Wagen restauriert worden sei, sollte man sich immer durch die entsprechenden Unterlagen belegen lassen.
Wenn der Verkäufer erklärt, den Service selbst vorgenommen zu haben, sollte man fragen, wann die Arbeiten ausgeführt wurden und nach entsprechenden Hinweisen suchen. Im besten Fall deckt sich Ihre Einschätzung des Gesamtzustands mit den Angaben des Verkäufers.

Restaurierungs-Fotos

Größere Restaurierungsmaßnahmen werden in der Regel mit einer Vielzahl von Fotos dokumentiert. Die aus verschiedenen Winkeln gemachten Aufnahmen helfen dabei, Umfang und Qualität der Arbeiten einzuschätzen. Wenn Sie den Wagen kaufen, bitten Sie den Verkäufer, Ihnen die Fotos zu überlassen, weil sie ein wichtiger Teil der Geschichte des Fahrzeugs sind. Es ist erstaunlich, wie viele Besitzer bereit sind, sich zwar von ihrem Wagen zu trennen, die Fotos aber als Erinnerungsstücke behalten wollen. In einem solchen Fall kann man sich vermutlich auf Abzüge von den Originalen einigen.

12 Wie viel ist „er" wert?

Zustand

Wenn Sie sich die Mühe gemacht haben und den in Frage kommenden Wagen nach dem Bewertungssystem in Kapitel 9 begutachtet haben, wissen Sie nun, ob sich das Fahrzeug in einem exzellenten, guten, durchschnittlichen oder schlechten Zustand oder irgendwo dazwischen befindet. Unterbreiten Sie dem Verkäufer nach dem Ergebnis Ihrer Inspektion einen Preis, bei dem Sie die geschätzten Kosten für die notwendigen Reparaturen berücksichtigt haben.
Viele Fachmagazine (*Oldtimer Markt, Oldtimer Praxis, Motor Klassik*) veröffentlichen regelmäßig eine Preisübersicht. Als sehr hilfreich erweist sich auch der *Oldtimer Katalog* aus dem HEEL Verlag, ein jährlich neu erscheinender Marktführer. Auktionspreise sind ebenfalls ein wichtiger Anhaltspunkt. Oldtimer haben sich in den vergangenen Jahren als relativ wertstabil erwiesen, jedoch sorgen Trends und Nachfrage nach bestimmten Modellen immer wieder für eine Verschiebung der Preise. Die angegebenen Preise sind auch abhängig von den Bewertungsmaßstäben, die die jeweiligen Zeitschriften anlegen, sodass man unbedingt die entsprechenden Fußnoten lesen muss. Außerdem sollte man sich darüber im Klaren sein, dass für einen preisgekrönten Concours-Sieger immer eine Kaufsumme aufgerufen wird, die über dem aktuellen Marktwert liegt. Davon ausgehend, dass der angebotene Wagen von diesem Zustand weit entfernt ist, muss man den verlangten Preis in Relation zu dem tatsächlichen Zustand sehen. Bevor man nun mit dem Handeln beginnt, gilt es zu bedenken, dass sich vorhandene Zusatzausstattungen immer auf den Preis auswirken. Wenn Sie den Wagen von einem Händler kaufen, berücksichtigen Sie dessen einkalkulierte Gewinnspanne.

Empfehlenswerte und nicht empfehlenswerte Extras

Die gefragtesten Modelle sind die zuletzt gebauten Exemplare der Baureihe: 300 SL, 420 SL, 500 SL und 560 SL. Sie hatten die höchste Verarbeitungsqualität, die besten Motoren und befinden sich bei entsprechender Wartung in einem hervorragenden Zustand. Der 560 SL wurde für den amerikanischen Markt gebaut, um trotz der Katalysatorpflicht gute Leistungswerte zu bieten.
Die ersten V8 – 350 SL und 450 SL – besaßen eine bescheidenere Ausstattung und haben wahrscheinlich die eine oder andere Karosseriereparatur hinter sich.

Das Schiebedach war beim SLC ein aufpreispflichtiges Extra, ebenso wie der Kunststoffwindabweiser.

Die Exemplare aus der Zeit zwischen der ersten Serie und den V8 – der 280 SL und 380 SL – können ausgezeichnet sein, sofern der oder die Vorbesitzer ihre Fahrzeuge entsprechend gründlich gepflegt haben. In Sachen Verarbeitungsqualität sind jedoch Modelle der letzten Baujahre unübertroffen.
Die SLC-Modelle sind immer dann eine gute Option, wenn man nicht unbedingt ein Cabrio sucht und sich auch über die Annehmlichkeiten eines größeren Innenraums und besseren Handlings freut. Die Modelle der Baureihe C 107 sind außerdem wesentlich preiswerter als die SL-Versionen.
Selbst, wenn man den SL am liebsten offen fährt, ist ein gutes Hardtop ein entschiedenes Plus.

Optionale Fondsitze im SL

Leder war bei den später gebauten Modellen ein beliebtes Extra, das in vielen Farbtönen geliefert werden konnte.

Neben den vielfältigen Kombinationsmöglichkeiten von Motorisierungen und Getriebeversionen, gibt es wie bei der Marke mit dem Stern nicht unüblich eine unüberschaubare Zahl von Extras, die während der langen Bauzeit variierten. Unterschiedliche Sitzbezüge standen immer auf der Liste, wobei gegen Ende der Produktion Leder bei den Kunden immer beliebter wurde. In beiden Fällen standen viele Farbvarianten zur Verfügung. Klimaanlagen, Schiebedächer, Kindersitze im SL, elektrische Fensterheber, Zentralverriegelung, Kartenleselampe, Wisch/Waschautomatik, Tempomat, Airbags und ABS waren gern bestellte Extras.

Kaufvertrag

Der Kaufvertrag kann nur auf Basis des aktuellen Zustands („wie gesehen und Probe gefahren") abgeschlossen werden Eine genaue Überprüfung während und nach der Probefahrt verschafft mehr Zeit zum Nachdenken. Auf jeden Fall sollten Sie argumentieren können, warum der verlangte Preis nicht angemessen ist, und gleichzeitig muss man sich unbedingt darüber im Klaren sein, wie viel man höchstens bereit ist zu zahlen. Berücksichtigen Sie die möglichen Reparaturkosten und nutzen sie dies als Verhandlungsargument. Im Zweifelsfall kann man noch immer ein unabhängiges Gutachten anregen.

13 Restaurieren – ja oder nein?

W 107 eignen sich nicht unbedingt zum Restaurieren. Die zuletzt gebauten Wagen sind die wertvollsten und befinden sich wahrscheinlich noch in einem guten Zustand. Die Wertentwicklung hat noch nicht den Bereich erreicht, an dem sich eine Restaurierung auszahlen würde. Daher lohnt es sich, mehr für ein gut erhaltenes Exemplar auszugeben (und es vom ersten Tag an zu genießen) als Geld in einen billigeren Wagen zu investieren, der selbst nach der Restaurierung nicht den Wert des kostspieligeren Modells erreicht.

In einigen Fällen kann es sich wirklich rentieren, einen Wagen zu kaufen der überschaubare Arbeiten verlangt, um wieder auf der Straße rollen zu können. Es gibt viele derartige Angebote von Händlern und privaten Anbietern. Allerdings muss man hier aus einer Vielzahl Fahrzeugen genau selektieren, die oberflächlich betrachtet nur ein wenig Aufarbeitung erfordern, jedoch in Wirklichkeit Kandidaten für einen kompletten Neuaufbau sind.
Generell gilt es, sich im Vorfeld in Sachen Restaurierung über einige wichtige Punkte im Klaren zu sein: Besitzen Sie tatsächlich das Talent, die Möglichkeiten und – noch wichtiger – die Zeit, um sich der Herauforderung einer Komplettrestaurierung mit allen möglichen Komplikationen zu stellen?
Bei einer Restaurierung wird es notwendig werden, Originalteile wie Karosseriebleche zu kaufen. Natürlich kann man sich auch in einigen Fällen mit gebrauchten Teilen zufrieden geben, doch sind es die Originalteile, die sehr kostspielig sind, zudem wenn man zur Montage auf die Hilfe eines Fachbetriebes – mit gutem Ruf und SL-Erfahrung – angewiesen ist.
Außerdem müssen Sie auch den Platzbedarf für eine Restaurierung berücksichtigen. Eine große und trockene Garage ist Grundvoraussetzung. Haben Sie die Möglichkeiten, den Motor auszubauen? Wird die Restaurierung wirklich nur ein Jahr dauern? Oder sind 24 Monate realistischer?
Bei der Wahl des Restaurierungskandidaten wird man sich wahrscheinlich für das billigste gerade noch fahrbereite Angebot entscheiden. Wenn wenigstens der Motor läuft, ist das schon sehr hilfreich.
SL-Kenner Roger Edwards hatte immer folgenden Ratschlag auf Lager: „Wenn Du ein Wrack restaurieren willst, dann sollte es ein vollständiges Wrack sein." Wobei die Betonung stets auf „vollständig" lag. Alle Teile, vor allem die schwer beschaffbaren, sollten vorhanden sein.
Doch so eine Komplettrestaurierung bleibt immer ein finanzielles Abenteuer. Nicht selten verschlingen solche Projekte mehr Geld, als das Fahrzeug nach Abschluss der Arbeiten wert ist. Wenn man die Summe für eine Totalrestaurierung direkt beim Kauf investiert, kann dies für wesentlich mehr Fahrvergnügen sorgen – bei deutlich weniger Arbeit.

14 Lackprobleme

Lackprobleme entstehen zumeist wegen unzureichenden Vorarbeiten für eine Neulackierung oder Ausbesserung. Einige der folgenden Probleme werden Sie bei der Klassiker-Suche häufiger antreffen.

Orangenhaut

Die ungleichmäßige Lackoberfläche erinnert an die Schale einer Orange. Das Problem entsteht, wenn der Lack zu wenig verdünnt wurde (häufig auch in Kombination mit einem zu großen Sprühabstand). Auch extreme Temperaturunterschiede zwischen der Umgebung und der zu lackierenden Oberfläche fördern die Bildung einer Orangenhaut. Dieser Effekt lässt sich in leichteren Fällen mit einer entsprechenden Politur oder sehr feinem Schleifpapier beseitigen. Je nach Ausmaß dieses Lackierfehlers ist eine Neulackierung empfehlenswert. Auch hier hilft die Begutachtung durch einen Experten.

Orangenhaut

Risse

Risse im Lack können vor allem durch zu viel Spachtelmasse entstehen. Wird dem Lack zu viel Härter beigemischt oder besteht eine Unverträglichkeit zwischen der neu aufgetragenen Farbsorte und der bereits vorhandenen Lackierung, kann es ebenfalls zu diesen Erscheinungen kommen. Bei einer umfassenden Restaurierung sollte man vor der Neulackierung sämtliche Lackschichten entfernen, um dieses Problem auszuschließen.

Risse

Haarrisse

Wenn sich feine Haarrisse über die Lackoberfläche verteilen, liegt häufig eine Unverträglichkeit des Lacks mit der verwendeten Grundierung vor. In diesem Fall muss man sich Gedanken über eine Neulackierung machen.

Blasen

Korrosion unter der Lackierung verursacht unweigerlich Blasen. Werden sie erst einmal richtig sichtbar, ist der Schaden an den Blechen vermutlich ziemlich groß. Vor einer Neulackierung muss in diesen Fällen zunächst das betroffene Blech repariert werden.

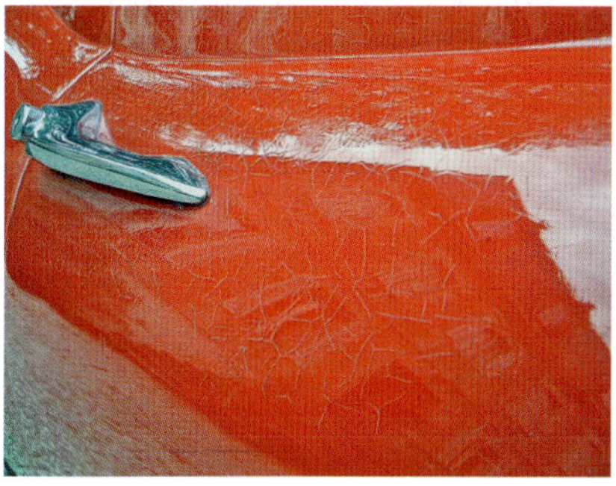

Für diese „Lackierung" hat wahrscheinlich irgendjemand viel Geld verlangt.

Mikroblasen

Diese Blasen lassen auf eine preiswerte Lackierung schließen, bei der die Oberfläche nicht gründlich trocknen konnte. Am besten holt man sich Rat bei einem Spezialisten, doch wird man häufig in dem betroffenen Bereich die alte Lackierung vollständig entfernen müssen. Als Ursache für die Blasen kommen aber auch Fahrzeugabdeckungen in Frage, die nicht „atmen" .

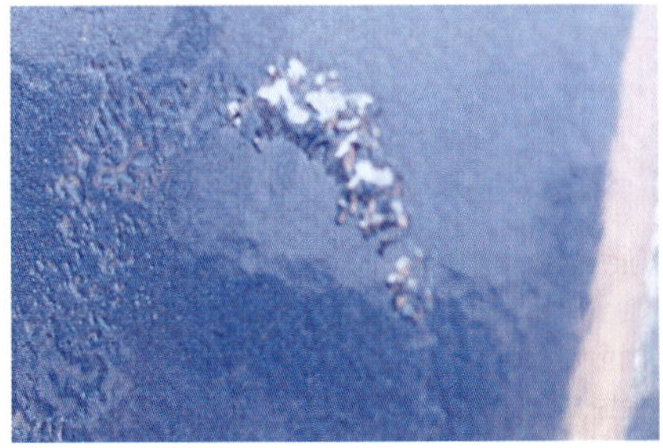

Rostblasen

Verblassen

Einige Farben, vor allem Rot, neigen dazu, bei starker Sonneneinstrahlung und ohne Schutz durch entsprechende Politur zu verblassen. Wenn eine Behandlung mit einem Lackreiniger nicht ausreicht, kommt man um eine Neulackierung nicht herum.

Abblätternder Lack

Abblättern

Vor allem bei Metallic-Lackierungen kann es vorkommen, dass der Klarlack abblättert. Schlecht aufgetragener Einschicht-Lack zeigt ebenfalls diese Erscheinung. Konsequenterweise muss das Fahrzeug auch in diesen Fällen neu lackiert werden.

Einschlüsse

Wenn bei den Vorbereitungen zum Lackieren und beim eigentlichen Lackiervorgang nicht auf Sauberkeit geachtet wurde, kommt es zu Staub- und Schmutzeinschlüssen, die sich nicht ohne weiteres entfernen lassen. Hier hilft nur eine vollständige Neulackierung.

Beulen

Kleinere Beulen lassen sich leicht vom „ Beulen-Doktor" (Adressen im Internet) sanft und meistens ohne Folgen für den Lack aus dem Blech ziehen, sofern die Lackoberfläche noch intakt ist.

15 Konditionsprobleme

Wie Menschen sind auch Automobile am besten in Form, wenn sie regelmäßig bewegt werden. Klassiker sollten pro Woche mindestens 20 Kilometer gefahren werden. Dabei können sich die verschiedenen Flüssigkeiten ihren Aufgaben entsprechend verteilen. Folgende Probleme können auftreten, wenn der Wagen nicht ausreichend gefahren wird.

Festgegangene Komponenten

Durch wasserhaltige Bremsflüssigkeit können die Kolben in den Bremssätteln korrodieren und bei längerer Standzeit festrosten. Auch die Handbremsmechanik muss regelmäßig betätigt werden, damit sie bei Bedarf funktioniert.

Flüssigkeiten

Öl: Ziehen Sie den Messstab heraus und überprüfen Sie die Farbe und Konsistenz des Schmierstoffes. Schwarz bedeutet altes Öl, schwarz und zähflüssig deutet auf eine sehr vernachlässigte Maschine hin. Weißliche Rückstände sind Anzeichen von Kühlwasser im Öl und bedeuten häufig eine defekte Zylinderkopfdichtung. Der Ölstand in der Hinterachse kann nur überprüft werden, wenn der Wagen auf der Hebebühne steht. Das Öl des Automatikgetriebes wird am Vorratsbehälter überprüft.
Kühlflüssigkeit: Bei einem zu niedrigen Stand kann entweder das Kühlwasser abgelassen worden sein oder der Kühler hat ein Leck. Der Behälter befindet sich vor der Spritzwand. Denken Sie beim Auffüllen auch an den Behälter der Scheibenwaschanlage.
Bremsen: Bremsflüssigkeit nimmt mit der Zeit Wasser auf, wodurch die Bremsleistung beeinträchtigt wird. Ein zu niedriger Flüssigkeitsstand oder gar ein leerer Behälter ist ein schlechtes Zeichen. Meistens sind verschlissene Bremsbeläge oder undichte Bremszylinder zwei mögliche Ursachen, die in Frage kommen. Für die Bremszylinder sind relativ preiswerte Reparatursätze mit neuen Dichtungen erhältlich. Auch wenn der Flüssigkeitsstand korrekt ist, sollten Sie die Bremsflüssigkeit sicherheitshalber erneuern. Kontrollieren Sie genauestens die Bremsleitungen und Bremsschläuche auf Korrosion bzw. Rissbildung.

Reifen

Überprüfen Sie die korrekte Größe und den zugelassenen Geschwindigkeitsbereich der Reifen und kontrollieren Sie die Eintragung der Reifengröße in den Fahrzeugpapieren. Ist die Bereifung für das Modell zugelassen? Stammen alle Reifen vom gleichen Hersteller und haben sie identische Maße? Untersuchen Sie die Reifen auf Profiltiefe und mögliche Risse in den Flanken. Gibt es Schäden, die auf Alterung zurückzuführen sind? Kontrollieren Sie das Alter der Reifen mit der entsprechenden Angabe auf der Reifenflanke. Wenn die vorderen Reifen ungleichmäßig abgefahren sind, ist dies ein Zeichen für Probleme an der Aufhängung oder Lenkung. Möglicherweise müssen die Lenkung und die Spur neu eingestellt werden. Durch entsprechend lange Standzeiten kann es zu Deformationen (Standplatten) an den Reifen kommen. Unwucht und damit verbundene Vibrationen sind die Folgen. In diesem Fall sollte man einen neuen Satz Reifen einkalkulieren.

Defekte Stoßdämpfer

Um zu sehen, ob die Dämpfer überhaupt arbeiten, drücken Sie den Wagen an den Kotflügeln nach unten. Längere Standzeiten können dazu führen, dass der Dämpfer sich gar nicht mehr bewegt. Das gilt auch für ein Fahrzeug, das über einen längeren Zeitraum aufgebockt in der Garage stand. Hier können die Federbeine korrodiert sein. Federt das Fahrzeug zu lange nach, deutet das eventuell auf verschlissene Dämpfer hin.

Gummi und Kunststoff

Kühlerschläuche können mit der Zeit verhärten und reißen oder brüchig werden. Fenster- und Türdichtungen können ebenfalls altern und undicht werden. Die Gummimanschetten an der Lenkung und der Aufhängung sowie die Scheibenwischergummis unterliegen genauso einem altersbedingten Verschleiß und müssen rechtzeitig erneuert werden.

Korrodierte elektrische Kontakte

Wurde die Batterie nicht abgeklemmt bzw. gefettet, sind deren Pole vermutlich korrodiert. In diesem Fall sollte man die Batterie ausbauen, die Anschlusskabel und -klemmen säubern bis sie glänzen und anschließend bei Bedarf eine neue Batterie einbauen. Verschiedene Massekabel sind möglicherweise ebenfalls korrodiert. Das gilt auch für weniger wichtige Anschlusskabel und Stecker.

Batterie

Die Lebensdauer einer Batterie leidet besonders unter langen Standzeiten – vor allem, wenn sie nicht vollständig geladen ist. Wird sie regelmäßig geladen, leistet sie lange treue Dienste.

Auspuff

In Auspuffgasen befinden sich Wasser und Säuren, sodass normale Stahlauspuffanlagen von innen her korrodieren können, wenn der Wagen nicht gefahren wird oder längere Zeit steht.

16 Wichtige Adressen und Ansprechpartner

Clubs

Wer einen Klassiker wie den W 107 besitzt, wird früher oder später darüber nachdenken, sich einem Club oder einer Interessengemeinschaft anzuschließen. Ein Club bietet technische Unterstützung, hilft bei Fragen und es lassen sich Teile organisieren oder komplette Fahrzeuge kaufen. Auch stehen regelmäßige Ausfahrten auf dem Programm.

Mercedes-Benz R/C 107 SL-Club Deutschland e.V.
Kriegerheimstr. 40
42115 Wuppertal
Tel.: 0202/6954488
Fax: 0202/6954477
www.107sl-club.de

www.107sl-freunde.de
Wolfgang Knigge
Strothmannsweg 33
49086 Osnabrück

Mercedes-Benz Interessengemeinschaft e.V.
An der Ohligsmühle 10
53127 Bonn
Tel.: 0228/2599736
Fax: 0228/2599737
www.mbig.de

www.Sternzeit-107.de
Die R/C 107-Community
Thomas Bittl
Teckweg 8
71573 Allmerbach

Mercedes-Benz SL-Club, Austria
Postfach 201
A-1013 Wien

Mercedes-Benz SL-Club, Schweiz
Dägischer 6
CH-3253 Schnottwil
www.sl-club.ch

Spezialisten

Es gehört zur Tradition bei Mercedes-Benz, die Ersatzteilversorgung auch für Modelle, deren Produktion schon vor längerer Zeit eingestellt wurde, aufrecht zu erhalten. Der W 107 macht da keine Ausnahme, sodass noch eine Vielzahl von Verschleiß- und Ersatzteilen über die offiziellen Niederlassungen und Werkstätten bestellt werden können.
Außerdem haben sich eine ganze Reihe von freien Werkstätten und Händlern auf die Wartung und Reparatur des R/C 107 spezialisiert. Viele Anbieter präsentieren sich im Internet oder schalten Anzeigen in den einschlägigen Fachmagazinen (*Oldtimer Markt* etc.).
Zusätzlich bietet das Mercedes-Benz Classic-Center in Stuttgart wertvolle Hilfe bei Restaurierungen. In den Werkstätten des Hauses werden zudem vollständige Restaurierungen durchgeführt (www.mercedes-benz-oldtimerservice.com).

D.T.L.
Inh. Dirk Lange
Provinzialstr. 77
44388 Dortmund
Tel: 0231/96987184
Fax: 0231/96987200
www.sl-edition.de

Werner Karasch & Co GmbH
Leithestr. 111-119
45886 Gelsenkirchen
Tel.: 0209/205485
Fax: 0209/209872

KIENLE Automobiltechnik GmbH
Max-Planck-Str. 4
71254 Heimerdingen
Tel.: 07152/52827
Fax: 07152/58016
www.kienle.com

DB Depot
Andreas Reinacher
Rheinstraße 23
76706 Dettenheim-Rußheim
Tel: 07255/719650
Fax: 07255/719649

T. Distler
Warzfelden 25
90599 Dietenhofen
Tel.: 09824/928384
www.MB-Neuteile.de

Während der langen Bauzeit des W 107 produzierte Mercedes-Benz eine Vielzahl von Händlerinformationen und Prospekten.

Literatur

Jeder W 107 wurde mit einem umfangreichen Handbuch ausgeliefert. Sollte es nicht mehr vorhanden sein, muss man sich auf Oltimer-Märkten und Messen oder bei auf Automobilliteratur spezialisierten Buchhändlern umsehen. Auch die entsprechenden Werkstatthandbücher lassen sich dort mit etwas Glück auftreiben.

Weitere Fachliteratur zum Thema SL

Baaden/Röcke	Das Neue Große Mercedes SL-Buch	HEEL Verlag
Hofner/Schrader	Mercedes-Benz Band I + II	HEEL Verlag
Zink, Günther	Oldtimer Katalog Nr. 22	HEEL Verlag
Kahlscheuer, Martin	Oldtimer Adressen Lexikon,	HEEL Verlag
Petzholdt, Christian	Oldtimerpflege,	HEEL Verlag
Baxter, Lionel	Oldtimer Restaurierungshandbuch	HEEL Verlag
Martynn Randall	Praxishandbuch Bremsen	HEEL Verlag
Schlegelmilch, Jürgen	Mercedes-Benz – Ihr guter Stern auf allen Straßen	HEEL Verlag

Wichtige jährliche Veranstaltungen

Bremen Classics, Bremen
Retro Classics, Stuttgart
Techno Classica, Essen
Schloss Dyck Classic Days
VETERAMA, Ludwigshafen
Motorshow, Essen

17 Daten und Fakten

Produktionszahlen

Vom R 107 wurden insgesamt 237.287 Exemplare produziert. Der nur 10 Jahre lang produzierte C107 brachte es auf insgesamt 62.888 Einheiten.

Leistungsdaten

Das Magazin „Autocar" ermittelte bei Tests die folgenden Werte:
August 1971: 350 SL (Viergangautomatik): 0–100 km/h 9,3 Sekunden; Höchstgeschwindigkeit 209 km/h; Verbrauch 17,7 Liter
Oktober 1975: 450 SLC (Dreigangautomatik): 0–100 km/h 9,0 Sekunden; Höchstgeschwindigkeit 226 km/h; Verbrauch 18,5 Liter

Das Magazin „Motor" ermittelte die folgenden Werte:
Januar 1981: 350 SLC (Viergangautomatik) 0–100 km/h 8,4 Sekunden; Höchstgeschwindigkeit 220 km/h; Verbrauch 14,1 Liter
April 1981: 500 SL (Viergangautomatik) 0–100 km/h 7,1 Sekunden; Höchstgeschwindigkeit 232 km/h; Verbrauch 17,7 Liter
Mai 1986: 300 SL (Viergangautomatik) 0–100 km/h 8,4 Sekunden; Höchstgeschwindigkeit 206 km/h; Verbrauch 25,9 Liter

In den USA kam „Road & Track" zu folgenden Werten:
Oktober 1971: 350 SL (Dreigangautomatik) 0–100 km/h 10,5 Sekunden; Höchstgeschwindigkeit 200 km/h; Verbrauch 18,0 Liter

Motoren

350 SL und SLC: V8, 3499 ccm (Bohrung x Hub: 92 x 65,8 mm), OHC; Verdichtung: 9,5:1 (ab Januar 1976 auch 7,5:1); fünffach gelagerte Kurbelwelle; Bosch D-Jetronic (ab Januar 1976: K-Jetronic); 200 PS bei 5800/min (180 PS bei 5500/min für den niedrigverdichteten Motor, ab Januar 1976 195 PS bei 5500/min, ab Anfang 1978 205 PS bei 5750/min); maximales Drehmoment 281 Nm bei 4000/min (ab Januar 1986 270 Nm und ab Anfang 1978 280 Nm)

350 SL 4.5, 450 SL, 350 SLC 4.5 und 450 SLC: V8, 4520 ccm (92 x 85 mm), OHC; Verdichtung: 8,8:1 (auch 7,5:1, US-Version 8:1); fünffach gelagerte Kurbelwelle; Bosch D-Jetronic (ab November 1975 K-Jetronic); 225 PS bei 5000/min (210 PS bei 4880/min bei niedriger Verdichtung, US-Version 180 PS bei 4750/min, US-Version ab 1979160 PS bei 4200/min, 217 PS bei 5000/min in Europa ab November 1975, 225 PS ab 1978); maximales Drehmoment 208 Nm bei 3000/min (US-Version ab 1979 294 bei 2500/min, 343 Nm bei 3250/min in Europa ab November 1975, 351 Nm ab 1978)

280 SL und SLC: Reihensechszylinder, 2746 ccm (86 x 78,7 mm); Verdichtung: 9:1 (auch 8:1; Standard ab Juni 1976 8,7:1, ab April 1978 9:1); siebenfach gelagerte Kurbelwelle; Bosch D-Jetronic (ab Juni 1976 K-Jetronic); 185 PS bei 6000/min (170 PS bei 6000/min bei niedriger Verdichtung),

177 PS ab Juni 1976, 185 PS ab April 1978); maximales Drehmoment 227 Nm bei 4500/min (ab Juni 1976 221 Nm, ab April 1978 228 Nm)

450 SLC 5.0: V8, 5025 ccm (97 mm x 85 mm); Verdichtung: 8,8:1; fünffach gelagerte Kurbelwelle, Bosch K-Jetronic; 240 PS bei 5000/min; maximales Drehmoment 397 Nm bei 3200/min

Dieser 450 SLC 5.0 hat den ersten Fünfliter-Motor eines W 107 unter der Haube. Die späteren 500 SL wurden von überarbeiteten Versionen angetrieben.

380 SL und SLC: V8, 3838 ccm (92 mm x 71,8 mm), OHC; Verdichtung: 9:1 (auch 7,5:1); fünffach gelagerte Kurbelwelle; Bosch K-Jetronic; 218 PS bei 5500/min (197 PS bei niedriger Verdichtung); maximales Drehmoment 299 Nm bei 4000/min

500 SL und SLC: V8, 4973 ccm (96,5 mm x 85 mm), OHC; Verdichtung: 8,8:1 (7,5:1 optionale); fünffach gelagerte Kurbelwelle; Bosch K-Jetronic (CIS-E ab Herbst 1985); 240 PS bei 5000/min (225 PS bei 4750/min bei niedriger Verdichtung), 245 PS ab Herbst 1985; maximales Drehmoment 398 Nm bei 3200/min (384 Nm bei 3000/min ab November 1981, 382 Nm bei 3750/min ab Herbst 1985)

420 SL: V8, 4196 ccm (92 mm x 78,9 mm); OHC; Verdichtung: 9:1; fünffach gelagerte Kurbelwelle; Bosch CIS-E; 218 PS bei 5200/min; maximales Drehmoment 375 Nm bei 3750/min

300 SL: Reihensechszylinder, 2962 ccm (88,5 mm x 80,25 mm), OHC; Verdichtung: 9,2:1; fünffach gelagerte Kurbelwelle; Bosch KE-Jetronic; 190 PS bei 5600/min; maximales Drehmoment 256 Nm bei 4250/min

560 SL: V8, 5547 ccm (96,5 mm x 94,8 mm), OHC; fünffach gelagerte Kurbelwelle; Bosch CIS-E; 227 PS bei 4750/min; maximales Drehmoment 372 Nm bei 3250/min

Getriebe

350 SL/SLC: Viergang-Schaltgetriebe; Viergangautomatik mit Hydraulikkupplung gegen Aufpreis; ab Juli 1972 Dreigangautomatik mit Drehmomentwandler

350 SL 4.5, 450 SL, 350 SLC 4.5 und 450 SLC, 450 SLC 5.0: Dreigangautomatik mit Drehmomentwandler

280 SL und 280 SLC: Viergang-Schaltgetriebe, Fünfgang- oder Viergangautomatik mit Drehmomentwandler gegen Aufpreis

380 SL und SLC, 500 SL und SLC, 420 SL, 300 SL und 560 SLC: Viergangautomatik mit Drehmomentwandler (ab 1986 „schaltbar")

Fahrwerk

Einzelradaufhängung, vorne Trapez-Dreiecksquerlenker, Schraubenfedern und Stabilisator. Hinten Dreieckschwingen, Schraubenfedern und Querstabilisator. Teleskopdämpfer vorne und hinten. Geometrie 1986 überarbeitet.

Servounterstützte Kugelumlauflenkung

Scheibenbremsen an allen vier Rädern, vorne innenbelüftet, servounterstütztes Zweikreisbremssystem; ABS gegen Aufpreis ab 1980, serienmäßig ab 1986

Reifen: 207/70 VR 14 (280 SL und SLC 185 HR 14, gegen Aufpreis 195/70 VR14, serienmäßig ab 1980); 205/65 VR ab 1985

Abmessungen

SL: Radstand 2,46 Meter; Spur vorne 1,45 Meter, hinten 1,44 Meter; Länge 4,38 Meter, US-Version 4,63 Meter; Breite 1,79 Meter; Höhe 1,30 Meter; Bodenfreiheit 140 mm; Wendekreis 10,34 Meter

SLC: wie SL außer Länge 4,74 Meter, US-Version 4,99 Meter, Höhe 135 Meter, Wendekreis 11,56 Meter

Nummern

Alle Fahrgestellnummern beginnen mit 107. Die nächste drei Ziffern bezeichnen den Karosserietyp: 280 SL (022), 300 SL (041), 350 SL (043), 350 SLC (023), 380 SL (045), 380 SLC (025), 420 SL (047), 350 SL 4.5 / 450 SL (044), 450 SLC (024), 450 SLC 5.0 / 500 SLC (026). Die nächste Ziffer ist entweder eine 1 für links- oder eine 2 für rechtsgesteuerte Ausführung. Danach folgt die Angabe der Getriebevariante: 0 steht für Hand-, 2 für Automatikgetriebe. Die letzten sechs Ziffern sind die laufende Seriennummer.

Motortypen

350, 380 und 420:	M116
350 4.5, 450 5.0, 500 und 560:	M117
280:	M110
300:	M103

Produktionsdaten

350 SL:	1971 bis 1980
350 SL 4.5:	1971 bis 1973
450 SL:	1973 bis 1980
280 SL:	1974 bis 1985
380 SL:	1980 bis 1985
500 SL:	1980 bis 1989
300 SL:	1985 bis 1989
420 SL:	1985 bis 1989
560 SL:	1986 bis 1989
350 SLC:	1972 bis 1980
450 SLC:	1972 bis 1980
280 SLC:	1974 bis 1981
450 SLC 5.0:	1978 bis 1981
380 SLC:	1980 bis 1981
500 SLC:	1980 bis 1981

Sein zeitloses schönes Design bescherte dem R 107 eine lange Produktionszeit von 18 Jahren.

Mehr zum Thema Mercedes-Benz

ISBN 978-3-89880-556-8
EUR 19,99

ISBN 978-3-89880-254-3
EUR 29,90

ISBN 978-3-89880-684-8
EUR 19,99

ISBN 978-3-86852-602-8
EUR 19,99

ISBN 978-3-95843-306-9
EUR 39,95

ISBN 978-3-95843-940-5
EUR 9,99

ISBN 978-3-95843-357-1
EUR 12,–

ISBN 978-3-89880-896-5
EUR 12,–

ISBN 978-3-95843-421-9
EUR 12,–

ISBN 978-3-86852-821-3
EUR 29,95

ISBN 978-3-95843-508-7
EUR 29,95

ISBN 978-3-86852-942-5
EUR 29,95

ISBN 978-3-95843-557-5
EUR 49,95

ISBN 978-3-95843-422-6
EUR 39,95

ISBN 978-3-95843-150-8
EUR 49,95

ISBN 978-3-86852-934-0
EUR 12,–

ISBN 978-3-95843-146-1
EUR 14,99

ISBN 978-3-95843-313-7
EUR 12,–

Unser komplettes Programm erhalten Sie in jeder Buchhandlung und unter www.heel-verlag.de

KIENLE
Automobiltechnik
D-71254 Heimerdingen/Stuttgart · Max-Planck-Str 4
Tel. (49) (0) 71 52 / 5 28 27 · Fax (49) (0) 71 52 / 5 80 16
www.kienle.com · e-mail: info@kienle.com
Öffnungszeiten: Mo-Fr 8-18 Uhr, Sa 9-14 Uhr.
Als der führende Restaurierungsbetrieb für Mercedes-Benz-Klassiker setzen wir seit über zwei Jahrzehnten Qualitätsmaßstäbe bei Teil- und Vollrestaurierungen, Reparaturen und Wartungen.
Zudem verfügen wir über eines der größten Ersatzteillager für Original- und hochwertige nachgefertigte Teile und erstellen Gutachten für Mercedes-Benz-Klassiker.
Unser Firmenportrait ist als Broschüre oder Video/DVD für jeweils € 10,- erhältlich.
Neue große Verkaufshalle mit über 50 klassischen und exclusiven Fahrzeugen